女子美髮乙級學科 證照考試指南

黃振生　編著

自 序

　　美髮技術士檢定考試目前分爲丙級與乙級二種，丙級是最基本證照，也是從業人員應具備的；乙級則是高階的證照，且是講師必備的條件之一。

　　乙級學科的範圍除了要熟悉丙級學科內容外，它包羅很廣泛，從瞭解頭髮生理構造，美髮用劑的選擇及應用，髮型設計概念，熟悉各種剪髮技術、燙髮、染髮技巧與設計，熟練的整髮與梳理，假髮的應用，基本美顏術，指甲修護，瞭解安全措施，公共衛生，具備化粧品的知識，建立職業道德……等等，都在乙級學科的範圍之內。

　　除了相關的知識外，更要注意社會發生的各種現象，如天災、意外災害、流行傳染病……等相關內容，因此，由於每年的變化不同，所以應隨時注意社會動態，瞭解時事，只要能掌握這些重點，要考取並非難事。

　　筆者繼丙級學術科證照考試指南與乙級術科證照考試指南後，再著手進行出版乙級學科證照考試指南，希望給考生在學科應試上有方向可研讀，但因學科試題相當活用，掌握不易，如有疏漏，願各界給予批評指正。

　　若有疑問賜教，請郵寄emil:s052810@ms45.hinet.net

黃振生　謹識

目　錄

如 何 使 用 本 書

本書係針對美髮乙級學科考試範疇所出版之參考資料,當您在應試前,給您下列幾項建議:

1.熟讀丙級學科之內容(此項很重要)。

2.瞭解各項技術之基礎理論。

3.對於是非題之解答需完全清楚,避免死記。

4.每一章節均熟讀,且對艱深的題目重複詳讀。

5.常識性的題目往往會被忽略,務必注意。

6.不要超之過急,且有順序地將本書的試題完整閱讀。

女子美髮乙級技術士技能檢定
規範說明

一、為因應美髮技術的發展及社會需求，提昇從業人員的專業技
　　術與素養，落實國家技術士證照制之建立，特訂定女子美髮
　　術士技能檢定規範，實施技能檢定。

二、本規範依專業知能範圍及專精程度分乙、丙二級，各級之檢
　　定目標：乙級為熟練技術員、丙級為一般技術員。

三、各級檢定規範均明確規定其工作範圍及應具備的專業知能，
　　並在應具知能下就各工作項目列明技能種類、技能標準及相
　　關知能。其所定內容為技能檢定學科及術科測驗試題命製的
　　範圍及依據。

四、女子美髮職類技能檢定包括學科測驗及術科測驗，在各級檢
　　定中，兩種測驗成績均及格者可取得該級女子美髮技術士資
　　格。

女子美髮乙級技術士技能檢定規範

級別：乙級

工作範圍：從事頭髮護理、髮型設計、剪髮、燙髮、染髮、整
髮、梳理及業務管理等女子美髮相關工作，且熟悉衛
生安全。

應具知能：應具備丙級技術士必備的知能及下列各項技能與相關
知識。

工作項目	技能種類	技 能 標 準	相 關 知 識
一、頭髮生理	頭髮生理	1.瞭解頭髮與健康的關係，及維護頭髮健康的方法。	(1) 健康頭髮的涵義。 (2) 影響頭髮健康的因素。 (3) 維護頭髮健康的方法。
		2.瞭解頭髮的物理及化學特性，並正確操作。	(1) 頭髮的物理特性。 (2) 頭髮的化學特性。
		3.識別常見的頭髮異常症狀，並正確護理。	常見的頭髮異常症狀、產生原因及護理方法： (1) 頭皮屑。 (2) 異常頭皮。 (3) 頭髮分叉。 (4) 脫髮症。 (5) 白髮症。

工作項目	技能種類	技 能 標 準	相 關 知 識
二、美髮用劑	美髮用劑的選擇及應用	1.辨識合法、合適的美髮用劑，並正確選用。	（1）各種美髮用劑的特性、選擇及使用要則。 （2）有關美髮用劑安全與衛生的法令規定。
		2.認識美髮用劑易起的傷害，並適當處理。	美髮用劑或使用不當易起的傷害現象，及其防範。
三、髮型設計	髮型設計	1.具髮型設計的基本概念。	（1）髮型設計的基本要素。 （2）髮型設計的主要原則。
		2.分辨並表達各種髮型圖。	髮型圖的種類及表現內容。
		3.熟悉頭髮、頭型及臉型的特性及適合特性的髮型設計。	（1）頭髮髮型設計。 （2）頭型與髮型設計。 （3）臉型與髮型設計。
		4.熟悉髮型設計應考慮的要件，並做合適的髮型設計。	（1）髮型設計應考慮的要件： ①個人。 ②場合。 ③時間。 ④其他。 （2）髮型與整體搭配。

工作項目	技能種類	技 能 標 準	相 關 知 識
四、剪髮	各種剪髮技術	1.瞭解角度與髮型的關係，並純熟地應用。	(1) 梳髮方向與髮型的關係。 (2) 取髮角度與髮型的關係。 (3) 剪髮角度與髮型的關係。
		2.熟悉層次剪法及注意事項： (1) 剪髮前準備。 (2) 剪髮。 (3) 剪髮後處理。 (4) 防範剪髮不當引起的傷害或不良效果。	(1) 層次剪法： ①低層次剪法。 ②高層次剪法。 ③等長層次剪法。 ④方型層次剪法。 (2) 綜合剪法。
		3.依需要選用適當的剪髮用具，純熟地剪髮。	
五、燙髮	各種燙髮技術	1.瞭解各種捲棒的功能及操作。	捲棒的種類、特性及操作。
		2.依需要設計燙髮，選擇捲棒、燙髮劑，並純熟地操作。	適合不同髮型、髮質的燙法，及燙髮劑的選用。
		3.瞭解熱燙。	(1) 熱燙的原理及過程。 (2) 熱燙與冷燙的比較。
六、染髮	染髮設計	1.熟悉染髮設計的原則。	(1) 調色方法與應用。

工作項目	技能種類	技　能　標　準	相　關　知　識
			(2) 色彩與髮型設計。
		2.依需要設計漂髮或彩色染髮，純熟地操作。	(1) 漂髮。 (2) 彩色染髮。
七、整髮與梳理	(一)電鉗	1.熟悉電鉗技術及注意事項： (1) 電鉗前準備。 (2) 電鉗整髮。 (3) 電鉗後處理。 (4) 防範電鉗操作不當引起的傷害或不良效果。	(1) 電鉗的種類及功能。 (2) 電鉗的選擇及操作。
		2.依需要選用適當的電鉗與用具，純熟地操作。	
	(二)指推波紋	1.熟悉指推波紋技術及注意事項： (1) 指推波紋前準備。 (2) 指推波紋整髮。 (3) 指推波紋後處理。	(1) 指推波紋的特色。 (2) 各種指推波紋操作要領。
		2.依需要運用指推波紋技巧，純熟地操作。	
	(三)髮型梳理	1.具髮型梳理的基本概念。	(1) 梳理的意義及目的。

工作項目	技能種類	技能標準	相關知識
			（2）梳理用具與用品的功能及選擇。
		2.熟悉各種梳理技術及注意事項。 （1）梳理前準備。 （2）梳理髮型。 （3）梳理後處理。 （4）梳理不當引起的傷害或是不良效果。	（1）逆梳與逆刷。 （2）短髮梳理。 （3）長髮梳理。 （4）梳理不當引起的傷害及不良效果的防範。
		3.依需要設計並梳理各種髮型。	
	（四）綜合運用	依需要運用各種整髮與梳理技術完成髮型。	（1）各種整髮與梳理技術的綜合運用。 （2）髮飾的設計與運用。
八、假髮	假髮應用	1.具假髮應用的基本概念。	（1）假髮的功能。 （2）假髮的種類及特性。
		2.熟悉假髮的應用及注意事項： （1）準備假髮。 （2）配戴假髮。 （3）整理造型。 （4）防範假髮運用不當引起的不良效果。	（1）假髮的選擇。 （2）假髮的整理、使用及保養。 （3）假髮運用不當引起的不良效果的防範。

工作項目	技能種類	技 能 標 準	相 關 知 識
		3.指導消費者有關假髮的正確使用與保養。	
		4.依需要選用或量製合適的假髮，純熟地操作。	(1)假髮的造型。 (2)假髮與髮飾運用。
九、基本美顏	(一)基本潔膚	1.具皮膚的基本概念。	皮膚的性質與識別。
		2.瞭解潔膚的方法及注意事項： (1)潔膚前準備。 (2)潔膚。 (3)潔膚後處理。 (4)防範潔膚不當引起的傷害或不良效果。	(1)潔膚用品的種類、功能、選擇及貯存。 (2)潔膚的程序與方法。 (3)潔膚器材或操作不當引起的傷害與不良效果及防範。
	(二)基本化粧	1.具化妝的基本概念。	(1)化妝的意義及目的。 (2)基本化妝用品的種類、功能、選擇及貯存。
		2.瞭解基本化妝的方法及注意事項： (1)化妝前準備。 (2)化妝。 (3)化妝後處理。 (4)防範化妝不當引起的傷害或不良效果。	(1)基本化妝的方法及要領。 (2)化妝不當引起的傷害或不良效果的防範。

工作項目	技能種類	技 能 標 準	相 關 知 識
十、指甲修護	基本指甲修護認識	1.具指甲修護的基本概念。	(1) 指甲的結構與生長。 (2) 指甲的功能。 (3) 指甲與健康。 (4) 指甲修護的目的。
		2.瞭解指甲修護的方法及注意事項： (1) 修護前準備。 (2) 指甲修護。 (3) 修護後處理。 (4) 防範操作不當引起的傷害或不良效果。	(1) 指甲修護器材。 (2) 指甲修護的方法及要領。 (3) 指甲修護不當引起的傷害或不良效果的防範。
十一、安全措施	安全知識	1.瞭解維護工作環境安全的要則，正確使用維護。	(1) 用電設備的使用、維護及安全。 (2) 美髮用電器的使用、維護及安全。 (3) 瓦斯設備的使用、維護及安全。 (4) 給水設備的使用、維護及安全。 (5) 排水設備的使用、維護及安全。

工作項目	技能種類	技 能 標 準	相 關 知 識
		2.安全措施的檢核： (1) 安全措施定期檢查。 (2) 定期維護。 (3) 防盜措施。	定期檢查與維護各項安全措施。
十二、職業道德	(一) 專業精神及態度	1.認識法令，力行職業規範。 2.樹立良好的美髮界風氣。	(1) 美髮業相關法則。 (2) 美髮師的社會責任。
	(二) 管理理念及技巧	1.認識美髮業管理的基本概念。	(1) 美髮業的型態。 (2) 管理的功能與要則。 (3) 影響業績的因素。
		2.略具領導能力。	(1) 領導的功能及要則。 (2) 人際關係的調適。
		3.創造良好的工作環境。	(1) 美髮工作環境的要件。 (2) 營業場所的設計佈置及維護。
十三、化妝品的知識	(一) 化妝品基本功能與使用方法	1.瞭解化妝品基劑的基本功能及使用方法。 2.防範使用化妝品所引起的不良效果。	(1) 化妝品基劑作用原理。 (2) 親水性與親油性的差異。 (3) 防範化妝品引起不良效果的基本知識。

17

工作項目	技能種類	技 能 標 準	相 關 知 識
	（二）化妝品管理	正確選用合法的化妝品。	（1）辨識化妝品的標示。 （2）化妝品取用方法與保存維護知識。 （3）化妝品衛生管理條例及其相關規定。
十四、公共衛生	（一）個人衛生及營業場所衛生	1.熟悉從業人員應注意之個衛生事項（含正確洗手意義）。 2.熟悉營業場所應注意之衛生事項。	（1）個人衛生知識。 （2）營業場所衛生知識。 （3）營業衛生管理有關規定及其意義。
	（二）急救常識	正確認識各種急救程序與方法。	各種急救相關知識。
	（三）消毒方法	1.辨識各種美髮器具洗滌及有效消毒法。 2.正確操作各種消毒方法。	各種常用美髮器具的消毒原理及消毒方法。

頭 髮 生 理

一、是非題

（✕）1、圓形脫髮特徵是脫髮部位形成圓形，界限很明顯而脫落
毛髮的部位皮膚很平滑，常有發紅或掉頭皮屑的現象。
【圓形脫髮較無頭皮屑情形產生】

（✕）2、頭皮屑與脫髮現象並無直接關係。　　　【有直接關係】

（○）3、影響脫髮的主要原因有：遺傳、年齡增長、毛乳頭的老
化及荷爾蒙。

（○）4、毛髮數量的多寡，早在母親體內早已決定，所以，出生
後毛髮通常不會再增加。

（✕）5、較粗硬的頭髮，其彈性不一定強。
【粗硬髮，其彈性較佳】

（○）6、毛髮的伸展率受髮質的健康度及含水量的影響。

（○）7、甲狀腺機能衰退時，毛髮變得脆弱且掉髮，但若亢進
時，也會引起掉毛。

（✕）8、角質細胞脫落過多，是形成白髮的原因之一。
【是形成頭皮屑的原因】

（○）9、因不明原因產生的禿頭，常受遺傳影響，稱早年禿頭。

（○）10、毛囊一帶發炎、生膿皰引起之現狀稱之為癤瘡。

（○）11、高蛋白質製品能補充頭髮內的間充物質使頭髮更健康。

（✕）12、鈣質缺乏會發生皮膚老化、毛髮脫落現象。
【甲狀腺荷爾蒙缺乏】

（×）13、產後和生病時所造成的脫髮是屬於永久性的，無法治療。

（○）14、對於頭髮彈性不足的顧客，除了注意護髮的動作外，更需教其使用軟毛刷梳頭髮，促使頭皮血液循環，恢復彈性。

（○）15、頭髮的保養除了要勤加梳理，慎選洗髮劑外並注重按摩。

（○）16、附著於頭髮的灰塵與污垢，可藉梳刷頭髮除去並提高清潔效果。

（○）17、容易產生溼潤頭垢之頭髮屬於油性髮質。

（○）18、頭髮的皮脂腺分泌過剩或過少，都很容易產生頭皮屑。

（○）19、頭皮屑的形成與季節、飲食、睡眠與洗髮精有關。

（○）20、對頭皮可多做頭皮按摩，促進皮脂分泌，最好自行按摩頭皮約20分鐘。

（×）21、油性頭皮於洗髮後，可塗抹含有油脂性營養髮水。

【不可塗含有油脂性營養髮水以免油脂分泌旺盛】

（○）22、持續性睡眠不足，頭髮會變得乾燥。

（×）23、頭皮屑主要原因是空氣落塵所致。

【頭皮屑主要是生理健康與生活不正常所致】

（○）24、當一個人情緒緊張或精神受到打擊時頭髮容易脫落。

（×）25、「白頭髮拔一根得七根」此理論是正確的。

【此理論是沒有根據的】

（○）26、少吃刺激性的食物也是防止頭皮屑的方法之一。

（○）27、圓形脫毛症會因頭皮細菌感染而得。

（○）28、以古代希臘人體比例標準，頭與身高的比例為1：7，為黃金比例。

（×）29、排汗的過程不受神經系統的控制。

【會受神經系統的控制】

（×）30、棘狀細胞是表皮內新陳代謝最旺盛的細胞。

【基底細胞】

（×）31、人體除手掌及腳掌外，全身皆有小汗腺。

【小汗腺分布全身約有200至400萬個，

以手掌的分布密度最高】

（×）32、淡色頭髮含有較多的碳。　　　【含有較多的氧和硫】

（○）33、頭髮中黃色色素粒子分佈規則且粒子較小。

（○）34、有頭皮屑時應多攝取維他命A的食物。

（○）35、客人有傳染病時，應馬上勸其就醫。

（×）36、頭髮因過長，使營養無法到達髮梢是造成分叉的最主要
原因。　　　　　　　　　　　　　　　　【有很多原因】

（○）37、因毛孔分泌的皮脂積存包住毛根的毛囊而引起的發炎掉
髮，稱為脂漏性脫髮。

（×）38、頭髮乾時拉力可拉長2倍。　　　　　　　【濕潤時】

（×）39、黑人的鬈髮的髮流是走C線。　　　　　　　【S線】

（×）40、毛髮退化期為2至3個月。　　　　　　　【1至2週】

（○）41、皮質層在毛髮中形成縱向排列。

（○）42、粃糠性脫髮易產生頭皮屑並會癢。

（○）43、眉毛、睫毛、腋毛等處沒有立毛肌。

（×）44、遇到恐懼或寒冷，交感神經就會發生作用，會形成毛髮
收縮，立毛肌豎起，毛孔稍微敨起，即是雞皮疙瘩的狀
態。

【毛髮豎起、立毛肌收縮】

（○）45、缺乏甲狀腺荷爾蒙，往往會變成圓形脫毛症。

（×）46、正常毛髮吸水率為20至25%。　　　　【30至35%】

（×）47、髓質層含有大量的麥拉寧色素。　　　　　【皮質層】

（○）48、頭髮的營養補給首重保溼及油脂。

（○）49、維生素A能防止頭髮脫髮。

（×）50、維生素C能促進頭髮生長激素作用。

【B群、B_1、B_2、B_6、B_{12}】

（×）51、頭皮代謝正常為13天，如縮短為5天會造成頭皮屑。

【縮短7天】

（○）52、副甲狀腺機能不足容易禿髮。

（○）53、若頭髮變成較細較短，即表示頭髮由終生毛轉為軟毛，而有易脫落傾向。

（○）54、影響頭髮光澤度的因素有附著於毛髮表面的油脂量與毛鱗層的平滑完整性。

（○）55、頭髮的密度係指頭皮單位面積的數量。

（○）56、頭髮的休止期占頭髮的總量9%至19%。

（○）57、毛髮的週期中的Anagen（成長期）／Telogen（休止期）若從正常9：1值降為2：1值時，就是落髮前兆。

（○）58、頭髮所含雙硫鍵會受強酸或強鹼破壞。

（○）59、缺乏髮孔的頭髮為抗拒性頭髮。

二、選擇題

（❶）1、引發圓形脫毛症的主因？❶營養障礙❷皮脂分泌異常❸毛囊基部發炎❹藥物的副作用。

（❷）2、毛髮的養份來自❶皮脂腺❷毛乳頭❸毛母細胞❹細胞核。

（**3**）3、患脫髮症的患者，防止惡化的方法為**❶**自行服用中藥**❷**自行塗抹藥物**❸**求助於皮膚科醫生**❹**以80°C的溫水按摩。

（**2**）4、頭髮的組成氨基酸中，最重要的是**❶**精胺酸**❷**甘胺酸**❸**絲胺酸**❹**膀胺酸。

（**3**）5、含PPT的護髮劑稱**❶**酸性營養護髮劑**❷**鹼性營養護髮劑**❸**蛋白質營養劑**❹**綜合營養劑。

（**3**）6、針對燙過的毛髮染髮和脫色所引起的多孔性損傷使用**❶**油性護髮霜**❷**水性護髮霜**❸**PPT蛋白質營養護髮劑**❹**混合性髮霜。

（**3**）7、有利於髮質的營養素**❶**醣類**❷**碳水化合物**❸**蛋白質食物**❹**澱粉。

（**3**）8、下列何者為角質層細胞過度脫落累積頭皮上所引起的？**❶**禿頭症**❷**皮脂瘤**❸**頭皮屑**❹**疥癬。

（**3**）9、長期忽略頭皮屑會導致**❶**頭髮變質**❷**疥癬**❸**禿頭**❹**乾癬。

（**3**）10、呈一塊一塊的局部禿頭現象，稱為**❶**早期禿頭**❷**老年禿頭**❸**塊狀禿頭**❹**壯年禿頭。

（**1**）11、預防頭皮屑應**❶**多攝取鹼性食物**❷**多吃辣的**❸**睡眠時間要短**❹**用高熱水洗髮。

（**1**）12、將頭髮噴溼後觀察其吸溼情形，如頭髮上結水珠狀者必屬**❶**油性**❷**中性**❸**乾性**❹**分叉髮質。

（**1**）13、**❶**海藻類**❷**維他命E**❸**維他命C 能促進甲狀腺分泌，使頭髮光澤。

（**3**）14、防止頭髮分叉應**❶**利用高溫烘乾**❷**用力拉梳**❸**避免紫外線照射**❹**多吃油脂類食物。

（④）15、因化學藥品侵蝕及日晒的原因❶瀏海❷頸背部❸內部❹頭頂部　的頭髮較易受損。

（④）16、環繞上、下口輪匝肌與❶額頭❷臉❸下巴❹眼眶　的肌肉生長方向相似。

（③）17、女性體內的男性荷爾蒙來自❶副腎皮脂腺❷性腺❸腦下垂體後葉❹甲狀腺。

（①）18、頭皮神經相當❶複雜而纖細❷複雜而粗大❸疏鬆❹簡單而疏鬆。

（①）19、❶枕大神經❷枕小神經❸耳大神經❹頸皮神經　，位於頭的後部，影響頭皮的範圍直到頭頂。

（④）20、皮膚除具有保護頭皮組織各部分外尚有❶調節體溫❷排泄、分泌❸呼吸及儲藏❹以上皆是。

（③）21、當頭皮上的自然油脂分泌不足時應選用含有滋潤效果如含❶維他命A❷維他命$B_2$❸維他命A及$B_2$❹維他命E　的美髮霜。

（②）22、當人體產生緊張感或精神受到打擊時，頭髮容易❶乾燥❷脫落❸打結❹分叉。

（④）23、超過❶60℃❷80℃❸100℃❹120℃　毛髮會變得很脆弱。

（③）24、缺乏彈性的頭髮應多吃含❶糖份❷鹽份❸碘質和鈣質❹酸性的食物。

（①）25、頭皮的皮脂腺分泌過盛或過少都很容易產生❶頭皮屑❷頭癬❸脫髮❹枝髮。

（①）26、飲食中缺乏什麼易生乾性頭皮屑？❶維生素A❷維生素$B_1$❸維生素B_{12}❹維生素D。

（③）27、治療油性頭皮屑可於使用溫熱髮油後照射❶紫外線燈❷

日光燈❸紅外線燈❹雷射線燈。

（❷）28、對乾性頭皮可多做頭皮按摩促進皮脂分泌，最好在每天自行按摩頭皮約❶1-2分鐘❷3-5分鐘❸10分鐘❹20分鐘。

（❷）29、油性頭皮在刷髮的刷子應選用❶較密的髮刷❷較疏的髮刷❸較大的髮刷❹較小的髮刷。

（❹）30、女性荷爾蒙若過剩則❶全身多毛❷側頭部頭髮多❸脂漏性脫髮❹前頂髮茂盛。

（❶）31、男性荷爾蒙若過剩則❶脂漏性脫髮❷全身多毛❸前頂髮茂盛❹頭皮屑。

（❸）32、由於細菌侵入所患毛髮疾病❶斷裂、分叉❷念珠型脆髮症❸洞樣脆髮症❹白髮症。

（❶）33、患有甲狀腺機能障礙會得的頭髮疾病❶白髮症❷斷裂、分叉❸念珠型脆髮症❹結節性脆髮症。

（❶）34、屬於鹼性的作用是❶溶解❷分解❸凝固❹收斂。

（❷）35、毛髮的等電點是指❶pH3-5❷pH4-5.5❸pH5-6❹pH5.5-6.5。

（❷）36、酸性的三大作用其正確過程為❶溶解、分解、凝固❷分解、凝固、收斂❸溶解、收斂、凝固❹以上皆是。

（❷）37、從分叉點以上3公分剪掉是屬於哪一種的受損？❶毛表皮剝離❷纖維狀蛋白質的變性❸間充物質的流失❹脫脂。

（❶）38、頭皮上的毛囊較一般的❶大而深❷小而淺❸都一樣❹小而深。

（❷）39、膽固醇經紫外線照射後會變為❶維生素C❷維生素D❸維生素B❹維生素A。

（❶）40、下列有關頭皮屑發生原因的敘述，何者錯誤？❶維生素K不足❷皮膚的角化質層異常❸飲食不當、睡眠不足、內分泌異常❹皮脂分泌異常。

（❶）41、油性頭皮於洗髮後可塗抹含❶收斂性營養髮水❷油脂性營養髮水❸中性營養髮水❹鹼性髮水。

（❹）42、❶保護頭皮❷美化儀容❸預防疾病❹以上皆是　保護頭髮的目的。

（❶）43、頭髮的表面有什麼保護內層❶魚鱗狀❷扁平狀❸顆粒狀❹凸齒狀。

（❶）44、毛髮的養份來自❶毛乳頭❷毛球❸毛根。

（❶）45、頭髮基本保養❶清潔❷染髮❸燙髮。

（❶）46、將頭髮噴濕後觀察其吸濕情形，如髮上結水珠狀者必屬❶油性❷中性❸乾性❹分叉　髮質。

（❶）47、頭髮的休止期所經歷的時間為❶100天❷200天❸50天❹80天。

美髮用劑的選擇與應用

一、是非題

（×）1、由不同的廠商生產的燙髮劑其成份都是大同小異，施用的方法也是相同，只是包裝與價格不同。

　　　　　　　　　　【使用產品時，應詳細閱讀使用說明】

（○）2、婦女在妊娠期或月經後，皮膚的感受性會受到相當程度的變動，因此這段期間應避免使用未曾使用過的燙髮劑、染髮劑、化妝品，以免造成過敏傷害。

（○）3、頭墊或肩墊在使用前應蒙以清潔布塊、紙張、毛巾。

（○）4、一般去頭皮屑的洗髮精，其作用部分在於溶解老化的角質。

（○）5、乳霜狀化妝品若發生油、水分離，即表示已經變質不適合再使用。

（○）6、pH值是表示氫離子濃度的記號。

（○）7、洗髮精是清潔劑和乳化劑的結合。

（○）8、化粧品係指施於人體外部用以潤澤髮膚、刺激嗅覺、掩飾體臭或修飾容貌之物品。

（×）9、含汞的化粧品可以美白。

　　　　　　　　【含汞的化粧品會傷害皮膚或導致皮膚變黑】

（○）10、含ZP成份洗髮劑洗後，可以更改頭髮的陰陽離子。

（○）11、陰離子界面活性劑多具有起泡性和洗淨性，如洗潔精、洗髮精。

（○）12、陽離子帶有正電。

（○）13、陰離子帶有負電。

（○）14、陽離子有殺菌、防止帶電作用，被使用於潤絲精上。

（○）15、小汗腺分布全身，約有200至400萬個。

（○）16、SPF表示防曬商品的防紫外線效果的程度數據。

（×）17、NFP是自然保濕因子的縮寫。　　　　　　　【NMF】

（○）18、洗髮精主要成份包括：陰離子性、非離子性、兩離子性等各種界面活性劑。

（○）19、乳化劑依性質分為親水性和親油性。

（○）20、UVA是長波長紫外線400至320nm。

（○）21、UVB是中波紫外線320至280nm。

（○）22、UVC是短波長紫外線280nm以下。

二、選擇題

（❹）1、美髮化妝品應存放於❶日光照射處❷潮溼處❸陰暗處❹陰涼通風處。

（❹）2、酒精在化妝品中具有何種功能？❶營養、滋潤❷潤澤、護理❸潤滑、美白❹殺菌、消毒。

（❹）3、化妝品中可以使用❶0.5％以下❷0.1％以下❸1％以下❹禁止使用　硼酸（Boric Acid）。

（❷）4、髮膠僅可噴在❶眼部❷髮部❸口腔。

（❸）5、為安全使用含醋酸鉛之染髮劑，並防止副作用發生，其含鉛量不得超過❶1％❷0.8％❸0.6％❹0.5％W/V。

（❸）6、含藥化妝品中含ZP成份的洗髮精，其含量不得超過❶2％❷1.5％❸1％❹0.5％。

（❶）7、pH值是表示❶酸鹼度❷乳化情況❸含水量❹含油量　的根據值。

（❶）8、鹼性液體的酸鹼度（pH值）是❶7以上❷7以下❸7❹0。

（❷）9、硬水的軟化法為❶冷凍❷蒸餾❸靜置❹攪拌。

（❷）10、pH值為物質酸鹼度，其值表示範圍❶1至14❷0至14❸1至20❹0至20。

（❷）11、蒸餾水為常壓下以加溫至幾度時所蒸餾而得的水？❶70°C❷100°C❸150°C❹200°C。

（❸）12、化妝品的成份中，能使油溶性與水溶性成份密切結合的物質稱為❶維他命❷荷爾蒙❸界面活性劑❹防腐劑。

（❶）13、下面成份，何者屬於水溶性成份？❶天然維他命C❷天然維他命A❸綿羊油❹蠟。

（❶）14、水與油要藉由何種物質才能均勻混合？❶乳化劑❷防腐劑❸消炎劑❹黏接劑。

（❷）15、理想的化妝品應是❶中性❷弱酸性❸弱鹼性❹強酸性。

（❹）16、洗髮精選用錯誤屬於哪一種的受損？❶毛表皮剝離❷纖維狀蛋白質的變性❸間充物質的流失❹脫脂。

（❸）17、頭皮屑專用洗髮精，其成份中常含有何種物質？❶維生素E❷維生素C❸Z.P.❹PPT。

（❹）18、可消除頭皮屑的洗髮精通常含有❶維生素E❷葉綠素❸氧化鐵❹硫化硒。

（❶）19、界面活性劑中何種適合洗髮精❶陰離子❷陽離子❸兩性離子❹游離子。

（❶）20、第一劑在頭髮上停留過長會使頭髮❶過度膨脹❷捲度自然❸彈性更佳❹髮色均勻。

（❸）21、鬈髮在上洗直劑時須先考慮❶鬆度❷密度❸彈性與密度

❹髮色。

（❷）22、pH值公式是偵測什麼離子？❶氨❷氫❸鈉❹氨。

髮 型 設 計

一、是非題

（○）1、逆三角型臉是屬於上寬下窄的臉型，較為適合髮長至下巴、自然內捲的髮型。

（×）2、前額低的臉型，在分髮線可以用短分髮來分線。

【可以用長分髮來分線】

（×）3、長方形臉適合吹高角度，其梳子宜以九排梳來配合吹髮。

【長形臉不適合吹高角度】

（○）4、美學設計大致可歸納出律動、均衡、調和、統一，四個形式原理。

（×）5、大小不同之兩點放在一起，會使注意力由小點轉移至大點。

（×）6、兩點呈斜線的動向較能產生安定感。　**【產生不安定感】**

（×）7、兩點在一平面上呈水平動向則有活潑之感。**【安定之感】**

（○）8、線的運動，可分為向心運動與離心運動。

（○）9、髮型設計師必須考慮對象之頭型、臉型、場合、個性及時代潮流。

（○）10、逆毛髮流，可用推高或頸部髮量設計。

（○）11、髮型設計粗直線給人強硬有力感，屬男性線條。

（×）12、髮型的分線與髮型設計無關。　　　　　**【有關】**

（○）13、遇到長橢圓臉型時，留瀏海可以縮短臉的長度。

（○）14、造型必須先有構思才能創造出美好的作品。

（╳）15、寬面扁的鼻子會使得臉部變寬，為了要改變這種情形，
應將頭髮蓋在額頭形成瀏海，以引開對鼻子的注意力。
【頭髮應梳離臉部】

（╳）16、臉頰消瘦的人適合長髮。　　　　【適合豐厚式的髮型】

（╳）17、細軟稀少的頭髮比較容易整理髮型。
【比較不容易整理髮型】

（○）18、黑人的頭髮是對比調和的髮質。

（○）19、瀏海是解決額頭太高最好的方法。

（╳）20、長臉型的人，其髮型設計最好以分中線為佳。
【以側分線為宜】

（╳）21、髮型設計不必考慮髮質、髮量及臉型。　　【要考慮】

（○）22、垂直線設計能賦予高長感。

（○）23、髮型輪廓優劣的關鍵是決定髮型的要點。

（○）24、髮型設計除考慮髮型是否為顧客所喜歡，更需考慮均衡
對稱及線條的美感。

（○）25、美髮造型四大原則為律動、均衡、調合、統一。

（○）26、髮型設計應因人而異，不盲目跟隨流行。

（○）27、優良的髮型設計師應具有髮型創造力。

（○）28、圓型臉是屬於向心型。

（○）29、在已有點的平面上再加另一點，有分散注意力的作用。

（╳）30、髮型設計應考慮流行，不需考慮個人特質。
【應考慮個人特質】

（○）31、線的運動，可分向心運動與離心運動。

（╳）32、髮型設計上垂直線是強調廣闊寬幅，有安全感。
【水平線是強調廣闊寬幅，有安全感】

（○）33、髮型重感是決定髮型輪廓優劣的關鍵。

（○）34、美髮從業人員應對各種髮型充分瞭解，才能設計出較理想的髮型。

（○）35、三角型臉適合離心性的髮型。

（○）36、細長之頸部，後面髮型應設計圓弧型。

（○）37、菱型臉之修飾，應將凸起部位設計，呈現柔和的圓形輪廓。

（○）38、長型臉可以瀏海的方式來改善臉部不足之處。

（○）39、方型臉適合向心感的髮型來修飾。

（○）40、額頭最能表現臉型的立體感。

（×）41、狹額者，髮際處可加以重感，緩緩向後梳。

【不宜在交際處加以重感】

（○）42、狹額者，應將其額部設計向後拉長，除去額低的感覺。

（○）43、凸額者，應把髮線梳成高起。

（×）44、凸額者，宜將前髮際處往後梳，以保持前面之弧度。

【宜將髮緣升高】

（○）45、平額者，其前面不需重感。

（○）46、短額者，在顎與耳之延長線上頂端放置重感為最適合。

（○）47、長顎者，應在耳上垂直線上，梳成較為圓形之髮型。

（○）48、長顎者，其重感宜略為斜後。

（○）49、凹額者，其後頭部的重感應放置於顎耳之延長線下。

（○）50、寬大頸型者，應避免後面圓形之髮型。

（○）51、細小頸型者，應在後面梳成彎曲的自然髮型。

（○）52、細小頸型者，短髮適合圓形。

（×）53、短頸型者，應將重感置於頸部。

【重感應置於頭部之頂端】

（×）54、長頸型者，應將重感置於冠部，配合長頸型者之缺點。
【應將重感置於頸背處】

（×）55、長頸型者，短髮時適合尖形之髮型。
【適合圓型之髮型】

（×）56、頭髮的功能，已由修飾發展成為保護。
【由保護發展成爲修飾】

（×）57、線是由點發展而成的，有一定移轉方向的點線稱為曲線。
【稱爲直線】

（○）58、方向有變化的點線通稱為曲線。

（○）59、曲線給人的視覺效果，能顯現出女性溫柔纖細的美。

（○）60、渦線給人有重量的印象。

（×）61、對比調合給人有平易近人的感覺。
【給人有顯現生動富創意的感覺】

（○）62、短分法給人有寬宏的感覺。

（×）63、通常長分法給人有寬宏的感覺。 【給人有細小的感覺】

（○）64、髮型設計是以人為對象，以頭髮為素材，而形成的創作藝術。

（○）65、脖子較短者，較適合推剪設計。

（×）66、方型臉是屬於向心感。 【離心感】

（○）67、直髮線分髮有給人予圓潤、柔美的感覺。
【給人予有個性、強勁、明朗的感覺】

（○）68、波浪是律動。

（○）69、流行是會反覆的。

二、選擇題

（❷）1、設計短髮時，後頭部扁平者應採❶大層次❷小層次❸水平剪❹削剪　增加後頭部的蓬鬆度。

（❷）2、在以一般評論為原則之下，頭部的寬度與肩的寬度比例以❶1：1❷1：2❸1：3❹1：4　為最標準。

（❶）3、髮型設計之前，美髮師應❶先有印象後有構想❷先有構想後有印象❸考慮流行即可❹無所謂。

（❹）4、長臉型的人最好是❶分中間❷不分線往後梳❸剪光頭❹設計瀏海。

（❷）5、圓型臉屬❶離心型❷向心型❸成熟型❹理智型。

（❶）6、長型臉屬❶上下離心型❷上下向心型❸寬闊型❹不規則型。

（❷）7、方型臉的設計應以❶離心感❷向心感❸剛強感❹柔和感。

（❶）8、寬大頸者後面應設計成❶尖型❷圓型❸長型❹吹平型的髮型輪廓。

（❹）9、髮型設計是指❶梳髮❷剪髮❸燙髮❹有創造性　的整體配合。

（❶）10、在一平面上大小相同的兩點❶呈水平❷呈斜線❸呈曲線❹呈垂直　，其動向較有安定感。

（❹）11、髮型的線條不外乎直線與❶垂直線❷斜線❸水平線❹曲線　所結合而成。

（❷）12、波浪線條的特性所表現的視覺效果為❶穩定感❷不安定感❸堅定感❹立體感。

（❷）13、斜線在視覺會產生❶穩定感❷活潑不安定感❸重量感❹

輕柔感。

（❸）14、髮型設計向心運動給人以❶開放寬闊感❷不安定感❸含
蓄感❹柔弱感。

（❷）15、分髮線以曲線分法可強調❶平面安定感❷圓潤立體感❸
平滑感❹向心感。

（❶）16、分髮線若採用側面長分法，可強調臉型向著❶上面延長
❷中心❸左右離心❹四面擴散　作用。

（❷）17、圓型臉若要分髮線，其髮線適合❶短分線❷長分線❸斜
分線❹都可以。

（❹）18、C線的髮型設計表現❶復古❷青春❸華麗❹柔媚。

（❸）19、圓臉型的較不適合❶中分❷旁分❸厚重瀏海❹龐克　的
髮型。

（❷）20、在平面上左右有大小兩邊，在視覺上會由右邊移向左
邊，則兩點為❶左邊大右邊小❷右邊大左邊小❸一樣大
❹一樣小。

（❶）21、直線表現出❶穩定有力感❷不穩定感❸女性溫柔纖細的
美感❹含蓄感。

（❶）22、粗線較能表現出❶穩定感❷柔弱感❸無力感❹活潑感。

（❷）23、細線較能表現出❶活潑感❷女性般柔弱感❸男性般粗獷
感❹堅定感。

（❷）24、臉大而扁的圓型臉髮型設計應加重❶瀏海❷頭頂❸兩側
❹鬢角　部分達到修正臉型的效果。

（❷）25、髮型設計是以人為對象，以❶假髮❷頭髮❸髮飾❹髮笁
為素材形成的創作藝術。

（❸）26、髮型設計時若加以燙髮乃是❶必要的❷不必要❸視需要
而定❹為了賺錢。

（❶）27、何種臉型，適合離心感之髮型？❶圓型臉❷方型臉❸菱
型臉❹三角型臉。

（❶）28、類似調和給人❶平易近人的感覺❷刺激感❹變化動感❹
不穩定感。

（❶）29、側線分法具❶離心感❷向心感❸寬宏感❹安定感。

（❶）30、中心點分線給人有❶豐厚感❷寬宏感❸壓迫感❹生動
感。

（❷）31、中分時以長分法會有❶寬宏感❷更小、更細的平面感❸
豐厚舒泰感❹不安定感。

（❶）32、圓型臉適合❶朝後夾角45°❷朝前夾角45°❸朝前夾角
60°❹朝後夾角60°　之髮型設計。

（❸）33、方型臉應以❶朝後45°夾角梳理❷90°梳理❸朝前160°
梳理❹完全往後梳理　最為合適。

（❸）34、若以逆三角型臉來設計髮型，其應以❶45°斜後梳理❷
完全往後梳理❸45°斜前梳❹完全向前梳理。

（❸）35、下列哪一種分髮線，應強調整體髮型的圓潤立體感？❶
短分法❷直線分法❸曲線分法❹長分法。

（❶）36、直線分法具有❶平面的安定感❷向心感❸圓潤立體感❹
離心感。

（❸）37、在西元❶1900❷1906❸1960❹1970　年代以前髮型多半
是用削刀削出的造型，極不自然。

（❶）38、方型臉給人的印象是❶成熟而理智❷天真、可愛❸完美
的臉型❹呆板的臉型。

（❶）39、下列何種臉型是屬於完美的臉型？❶鵝蛋臉❷三角型臉
❸方型臉❹長方型臉。

（❷）40、過分突出的鼻子，髮型應儘量將前額頭髮❶中分❷往後

梳❸往前梳❹留長。

（❷）41、寬而扁的鼻子會使得臉部變寬，為了要抑制這種效果，頭髮應該❶梳向臉部❷梳離臉部❸瀏海覆額❹以上皆可。

（❸）42、曲線的特性中所表現的心理視覺效果為❶堅定感❷穩定感❸柔弱感❹剛直感。

（❸）43、❶逆三角型臉❷正三角型臉❸菱型臉❹圓型臉　設計時凹處應軟、膨凸處應內斂而呈柔和的圓型輪廓。

（❶）44、寬大頸型者後面應避免❶圓型❷長型❸尖型❹方型。

（❸）45、細小頸型其短髮時應避免❶圓型❷方型❸尖型❹長型之髮型設計。

（❷）46、❶長頸型者❷短頸者❸寬大頸型者❹狹頸型者　應把重感放置於冠部之頂端。

（❹）47、幫客人設計頭髮時❶不必理會客人意見❷先聽客人意見❸拿髮型雜誌給客人挑選❹聽意見再畫髮型設計圖後才幫客人修剪髮型，才是真正的設計師。

（❹）48、長型臉的髮式最好以❶分中間❷不分開向後梳❸剪光頭❹橫式邊梳。

（❸）49、致力使一個造型物的部分和全體設計有著關聯性及相互呼應性稱為❶律動❷均衡❸調合❹統一。

（❹）50、髮型是由何者所構成？❶分髮線的態勢❷髮型的髮流❸整個輪廓❹以上皆是。

（❷）51、強調整體髮型的圓潤立體感是屬於❶直線分法❷曲線分法❸側線分法❹短分分法。

（❹）52、臉型可分❶圓型❷離心型❸向心型❹離心及向心型。

（❹）53、長型頸型者應把重感置於❶頂部❷中心點❸黃金點❹頸

背部　調合長型之缺點。

（❶）54、屬於年輕且具彈性感的曲線為❶C線❷S線❸渦線❹以
上皆是。

（❹）55、線的種類有❶垂直線❷水平線❸斜線❹以上皆是。

（❷）56、利用其圓型的延長髮型可調合❶寬大頸型❷細頸型❸短
寬頸型❹短頸型。

（❷）57、寬大頸型者，短髮時後面適合❶圓型❷尖長型❸方型❹
弧型。

（❶）58、❶橢圓型臉❷菱型臉❸逆三角臉❹方型臉　應以水平與
離心性髮型設計，能使臉龐大小適中。

（❹）59、長型臉側邊分線在兩側都以❶30°❷45°❸75°❹90°
梳髮，可產生對比效果。

（❷）60、狹額者❶應在髮際線處加上重感❷髮際線處不加重感❸
應將額部髮向前梳理❹以上皆非。

（❷）61、寬額著❶髮際線處，不加重感❷梳光髮面❸把額部接緣
處頭髮升高❹以上皆可　　，可顯出聰明感。

（❶）62、❶平額者❷寬額者❸狹額者❹凸額者　前面不需要重
感，應以較有曲線之自然弧度來調合。

（❸）63、❶長顎者❷短顎者❸凸顎者❹凹顎者　應把前髮際線處
前梳以保持前面之弧度。

（❶）64、逆三角型臉應以❶離心性❷向心性❸以上皆是❹以上皆
非　之髮型來設計上部臉部不足之份量。

（❶）65、菱型臉的上部應以❶離心感❷向心感❸以上皆是❹以上
皆非　來設計。

（❸）66、橢圓型臉可以❶離心性❷向心性❸兩者皆可❹以上皆非
的髮型設計。

（❶）67、❶凹顎者❷凸顎者❸長顎者❹短顎者　應將後頭部的重感放置於顎與耳之延長線下發展。

（❶）68、❶長顎者❷凹顎者❸凸顎者❹短顎者　應在耳上水平線上梳成比較圓型之髮型，重感略為斜後為宜。

（❶）69、圓型臉採側邊分線時，其❶大邊朝前75°小邊朝後30°方向梳理❷大邊朝後30°小邊朝前75°❸以上皆可❹以上皆非。

（❷）70、髮型設計上「對稱」給人有❶輕快、生動感❷穩定感❸活潑、立體感❹不安感。

（❸）71、菱型臉者觀骨較高，其髮型修飾的重點，下列何者正確❶取中分線髮型❷頭頂部梳高❸頭頂部髮流壓低，自然斜分瀏海，兩側以柔軟高度來調整❹前髮部全部往後梳，兩側髮塞耳後。

（❷）72、三角型臉的特徵是額部狹窄、下方寬，其髮型修飾重點，下列何者正確❶宜採中分外翻髮型❷自然斜分並蓄著中鬆度斜向後瀏海，兩頰頭髮的線條稍細❸頭頂部壓低，耳後髮量增加❹前髮部頭髮往後梳，兩頰線條加粗。

（❶）73、髮型重點在頭頂部，髮流往上梳理有強調高度的效果，適合頸部粗短、下巴短小者，此種髮型稱為❶高頂式髮型❷盤花式髮型❸下垂式髮型❹盤整髮型。

（❷）74、為使髮型的方向具有離心感，而能給人豐厚舒泰感，宜採用何種分髮法❶中心點分法❷側向分法❸直線分法❹曲線分法。

（❸）75、有關圓型臉髮型的設計，下列哪一項敘述是錯誤的❶前頭部瀏海提高❷增加頭頂部的高度❸兩側頭部的髮量要

蓬鬆❹採旁分，耳側兩旁頭髮不宜豐厚。

（❹）76、髮型之重感與方型臉關係的敘述，下列何者錯誤❶方型臉屬於有角度的臉型❷方型臉稍具男性剛強特性❸髮型直採旁分❹髮型用鬆蓬的重感表現在兩側至下擺，頭頂部採低角度設計。

（❷）77、長型臉的臉型應如何設計其髮型❶加強頭頂髮型蓬鬆度❷多加兩側髮之蓬鬆與層次❸加長髮型❹避免長髮。

（❶）78、下列何種臉型之髮線避免中分❶菱型臉❷三角型臉❸圓型臉❹以上皆是。

（❷）79、三角型臉的特徵是額部狹窄下方寬，其髮型修飾重點，下列何者正確❶髮型宜採中分外翻❷分髮採斜下分，兩頰的線條細些，作出上擺型❸頭頂部作平低，耳後髮量增加❹前髮部頭髮往後梳，線條加粗。

（❶）80、嬉皮的髮型給人何種感覺❶頹廢❷成熟❸浪漫❹健康。

（❸）81、C型髮型給人何種感覺❶流行❷復古❸有魅力❹浪漫。

（❶）82、S型髮型給人何種感覺❶優雅❷浪漫❸柔弱❹強勁。

（❶）83、三角型臉額頭是什麼運動❶向心❷離心❸安定。

剪　髮

一、是非題

（×）1、削刀只能剪90°垂直剪髮，其他直型水平剪法無法做出
　　　　來。

【削刀亦可用水平剪法】

（×）2、剪高層次剪髮時，持髮角度為30°以下。　**【90°以上】**

（○）3、若後頭部頭髮以縱髮片拉向正中線剪髮，則左、右兩側
　　　　比中線的較長。

（○）4、斜剪時下刀的方向會決定髮流。

（○）5、剪髮線是頭髮修剪時的標準依據。

（×）6、為減少髮量，粗硬髮質宜在近髮根處疏剪。

【不可在近髮根處疏剪，以免豎立】

（○）7、採上持髮修剪，其髮長呈上短下長。

（○）8、點剪最適宜髮尾的打薄。

（○）9、髮型羽毛設計若使用削刀會有柔軟服貼的效果。

（○）10、剪髮要正確，應該注意持髮角度、剪髮角度及所站位
　　　　置。

（×）11、法拉款式的髮型，前面較長，後面較短　**【上短下長】**

（○）12、滑剪髮就是邊滑邊剪。

（×）13、疏剪法，頭髮乾時剪下髮量較多。　　**【髮量較少】**

（○）14、等長剪法是針對頭皮90°來剪。

（○）15、剪髮時要保持每根頭髮長度一致時，用垂直分線。

（○）16、高層次剪出的效果是上短下長。

（○）17、推剪及剃刀適用於鬢角、髮際等短髮操作。

（○）18、用削刀削頭髮時，手及手指不動，而利用手腕的力量將
頭髮切斷。

（×）19、低層次剪法，拉90°以上剪。　　　　　　　【60°以下】

（○）20、髮量少、髮質柔細的人，較不適合包覆式髮型。

（×）21、等長剪法是針對頭皮180°來剪。　　　　　　　【90°】

（×）22、疏剪法在頭髮濕時剪下的髮量較少。

【濕剪下的髮量較多】

（×）23、低層次剪出的效果是上短下長。　　　　　　【上長下短】

（○）24、用滑剪法可使頭髮服貼。

（○）25、要剪高層次時以拉角度90°以上。

（○）26、低層次髮型使用正斜向分區，剪成前短後長重感於後面
的髮型。

（○）27、每一股頭髮，均在內斜縱線上修齊，使頭髮尾端剪成層
次狀為大層次。

（×）28、剪髮是髮型設計的目的。　　　　　　　　　　【造型】

（○）29、垂直剪髮與層次高低有關。

（○）30、頭部之頂部黃金間基準點稱T、G、M、P。

（○）31、剪完頭髮要增加量感，剪完就成型，不需要吹風。

（○）32、側頭線是前側點至黃金點。

（○）33、側頭部設計以太陽穴至嘴角半徑劃圓成圓周。

（○）34、香菇頭的重量在水平線。

（○）35、娃娃頭是利用正斜分線來剪。

（○）36、細髮比粗髮打薄可更靠近髮根。

（○）37、剪髮時需順著髮流垂落方向裁剪。

（×）38、剪髮後，顧客若有不滿意應再次收費或置之不理。

【要使顧客滿意】

（○）39、剪髮時要保持每一根頭髮同一長度，可用垂直分線。

（×）40、剪髮層次對髮型的變化無多大關係。　　　【相互影響】

（○）41、用削刀削頭髮時，手及手指不動，而利用手腕的力量將頭髮切斷。

（×）42、低層次正斜剪髮的效果是後短前長。　　　【前短後長】

（○）43、當頭髮在15公分以上，其下垂力最強。

（×）44、男性在25歲後頭髮開始變粗。　　　　　　　【變細】

（○）45、層次是指底層與外層之間形成的長短差距。

（○）46、決定層次高低時，同時要考慮厚度。

（○）47、常見的髮型其層次大部分都是以對稱的方式作表達。

（○）48、構成髮型的四大要件為：長度、輪廓、層次、厚度。

（○）49、前長後短的髮型頭頂適合用正斜分髮線。

（○）50、135°的提升是屬於高層次。

（○）51、提升所有髮片裁剪切口與地面成平行為180°。

二、選擇題

（❶）1、❶鋸齒剪髮❷直剪髮❸挑剪髮❹滑剪髮　用剪刀的尾端，在一小撮頭髮的髮尾剪得參差不齊。

（❶）2、披頭的長髮型應可用❶大層次❷小層次❸中層次❹水平式。

（❹）3、以下何者為有層次的剪法❶水平式❷逆斜線❸橢圓形❹中層次。

（❷）4、為使髮量等長、等厚，角度需拉❶25°❷90°❸120°❹

180°。

（ ❸ ）5、每一髮束持髮角度垂直頭皮，則剪後效果❶上長、下短❷上短、下長❸髮長相等❹上下皆短。

（ ❶ ）6、剪髮時，邊滑邊剪的技巧是❶滑剪法❷修剪法❸挑剪法❹點剪髮。

（ ❷ ）7、黛安娜髮型是屬❶高層次❷中層次❸等長層次❹齊長層次。

（ ❷ ）8、連續扭轉髮束可剪出❶凸狀❷凹狀❸齒狀❹斜狀。

（ ❷ ）9、高層次均是強調蓬鬆區在❶整個頭部❷頭頂部❸頸部❹左右側　上短下長的層次。

（ ❸ ）10、小層次是強調豐厚感在❶整個頭部❷頭頂部❸後頭部❹左右側　上長下短的層次。

（ ❶ ）11、為連接前後長度，剪髮時可用❶滑剪法❷挑剪法❸點剪法❹推剪法。

（ ❷ ）12、低層次又稱為❶一直線❷邊緣層次❸等長❹逆斜剪法。

（ ❶ ）13、高層次剪出效果❶上短下長❷齊長❸上長下短❹等長。

（ ❶ ）14、低層次髮型用❶正斜向❷逆斜向❸平行❹水平分區　剪成前短後長重感於後面的髮型。

（ ❹ ）15、造型效果較佳的剪法方式採用❶等長❷水平❸高層次❹綜合　的剪髮。

（ ❶ ）16、削髮與剪髮進行燙髮時，削髮較❶易鬆❷一樣❸不一樣❹無影響。

（ ❷ ）17、45°斜對角剪法是屬於❶高層次❷低層次❸無層次❹寬層次　髮式。

（ ❹ ）18、剪髮效果上短下長是❶0°　❷小於90°　❸等於90°　❹大於90°　的剪法。

（❹）19、高層次剪髮時，每一髮片所拉起的角度在❶20°❷40°
❸60°❹90° 以上。

（❹）20、剪髮效果要看❶左右❷上下❸前後❹整體 的美感。

（❸）21、低層次可使平面之頭髮增加❶長度❷量感❸立體重感❹
光滑感。

（❷）22、上短下長的剪髮效果是屬於❶一直線❷高層次❸直角❹
低層次 的剪法。

（❸）23、通常使用於高層次髮型之剪髮片為❶水平髮片❷斜髮片
❸縱髮片❹橫髮片。

（❸）24、上長下短的剪髮效果是屬於❶高層次❷等長❸低層次❹
大層次 的剪法。

（❶）25、剪髮是利用❶幾何理論❷染髮理論❸整髮理論❹三角理
論 提升剪髮技巧。

（❸）26、剪水平髮型時，適用的剪刀為❶雙齒打薄剪刀❷單齒打
薄剪刀❸較長的剪刀❹電剪。

（❶）27、中年婦女所喜歡的「黑人頭」是屬於何種剪法？❶均長
式剪法❷傳統式剪法❸包覆式剪法❹逆向式剪法。

（❸）28、小層次剪法剪出來的效果❶上短下長❷上下同長❸上長
下短❹不長不短。

（❶）29、強調髮型外部之層次感及動向的剪髮為❶大層次剪法❷
小層次剪法❸方形剪法❹等長剪法。

（❷）30、香菇頭、娃娃頭是運用何種層次剪法❶大層次剪法❷小
層次剪法❸方形剪法❹等長剪法。

（❷）31、何種剪髮技巧能使髮型呈現固態狀與重量感？❶高層次
等長❷低層次❸高層次漸增❹羽毛剪。

（❸）32、剪髮中，以80至90度角剪，可變化款式，適合髮量厚密

者為何種剪髮❶包覆式❷傳統式❸均長式❹逆向式。

（❷）33、下列何種技巧可除去髮型上不必要的髮量與髮長，而呈現出輕柔的質感❶梳剪❷削剪❸電剪❹挑剪。

（❷）34、剪髮時，若以水平拉剪時，應❶以平行地面的拉法❷垂直地面的拉法❸斜剪的方法❹逆斜剪的方法　來檢查。

（❷）35、洗髮完接著就修剪頭髮稱為❶乾式修剪❷濕式修剪❸混合修剪❹直式修剪。

（❶）36、為了使髮型達到比較膨鬆豐富的感覺可使用❶洞洞剪法❷鋸齒剪法❸淮剪法❹疏剪法。

（❸）37、在修剪成男人樣式的短髮時剪刀的刀刃，必須與梳子成❶垂直❷圓形❸平行❹方形。

（❷）38、長髮高層次剪法時，先將髮型的❶層次❷外圍輪廓❸瀏海❹鬢角　設定好。

（❸）39、下列何者不是大層次剪法的特徵？❶頭髮形成的段差大❷很有飄逸性❸若要做出更大的量感不必剪短❹髮量顯得輕盈。

（❸）40、削尖的另一種說法是❶推平❷修剪❸打薄邊❹分層修剪。

（❹）41、大層次的特徵❶長短段差大❷很有飄逸感❸髮量輕盈❹以上皆是。

（❸）42、十字型剪法其取髮片與頭皮成❶45°❷60°❸90°❹120°剪之。

（❷）43、髮型的特色是蓬鬆自然中帶著端莊典雅的風韻是❶大層次❷十字型❸小層次❹零層次　剪法。

（❹）44、❶無層次❷逆斜髮型❸橢圓髮型❹中層次　剪法是介於低層次與高層次之間。

（③）45、方形髮型應採用❶水平髮片❷斜髮片❸縱髮片❹橫髮片。

（②）46、低層次其上至下頭髮的段差較❶大❷小❸一樣❹不一定。

（①）47、❶縱髮片❷水平髮片❸斜髮片❹逆斜髮片 通常使用方形或低層次之剪法。

（③）48、剪層次髮型時常以❶中心點❷頂部點❸黃金點❹後部點為連接處。

（②）59、當頭髮還是乾的時候，以剪刀修剪頭髮稱為❶打薄❷乾剪❸推剪❹薄邊。

（③）50、一個專業化的美髮師其中❶燙髮❷洗髮❸剪髮❹染髮的技巧最為重要。

（④）51、使用縱髮片時，髮片要梳直並拉緊，注意❶取髮角度❷夾髮動作❸髮片厚薄❹以上皆是。

（②）52、剪長度時，必須同時考慮❶層次❷外型❸技巧 的形狀。

（②）53、粗硬髮梳剪時，需離髮根幾公分❶2❷5❸8❹11 公分。

（②）54、方形剪髮時，手掌與地面呈❶垂直❷水平❸逆斜❹正斜。

（①）55、前短後長之髮型，其頭頂適合❶正斜❷逆斜❸水平❹放射。

（④）56、包覆式是屬於❶大層次❷中層次❸小層次❹無層次。

（②）57、側頭部以什麼為基準❶太陽穴❷眉尾❸耳朵❹頭部。

（④）58、剪髮要先❶分髮線❷基準線❸導線❹分區。

（①）59、頭髮由前往後梳是❶前短後長❷前長後短❸一樣長。

（❷）60、頭髮要減輕重量用❶長剪刀❷梳剪刀❸電剪。

（❶）61、身體嬌小者重量應放在❶頭頂❷後部❸黃金處。

（❶）62、右斜長的頭髮是❶左前方❷左側方❸右前。

（❹）63、剪髮效果要看❶左右❷上下❸前後❹整體　的美感。

（❷）64、前髮要有前後之分時以❶水平線❷側中線❸中心線❹頂
　　　側線　為基準。

（❶）65、一般無層次剪法、其角度是❶0°剪法❷45°斜對角剪
　　　法❸90°高層次剪法❹120°剪法。

（❹）66、倒V剪法必須設定好❶水平線❷側頭線❸側中線❹逆斜
　　　線　引導線。

（❶）67、等長式剪法是❶高層次❷低層次❸中層次❹平齊　的髮
　　　式。

（❶）68、使用削刀時得隨時保持頭髮❶濕潤❷乾燥❸油份❹垂
　　　直。

（❷）69、❶正中線❷側中線❸水平線❹側頭線　以耳點為中心作
　　　垂直線。

（❷）70、45°斜對角剪是屬於❶高層次❷低層次❸無層次❹寬層
　　　次　髮式。

（❹）71、橫一直線剪法角度0°時其效果是❶高層次❷低層次❸
　　　多層次❹平齊。

（❷）72、髮片集中挾著剪，展開來其效果是❶中心長、左右短❷
　　　中心短、左右長❸平齊❹凸型。

（❸）73、無論剪何種髮型任何部位都需先設定❶中心線❷水平線
　　　❸引導線❹側中線。

（❹）74、剪髮效果上短下長是❶0°　❷小於90°　❸等於90°　❹大
　　　於90°　的剪法。

（❷）75、耳點與頸側點的連接線是❶臉際線❷頸側線❸側頭線❹側中線。

（❸）76、正中線與側中線垂直交接點是❶中心點❷黃金點❸頂點❹腦後點。

（❷）77、側頭部頭髮修剪以水平剪法，髮片拉向前剪出效果❶前長後短❷前短後長❸中心較短❹等長。

（❹）78、齊長髮型常用❶薄剪法❷層剪法❸挑剪法❹直剪法。

（❶）79、低層次剪髮時，每一髮片所拉起的角度在❶45°❷90°❸120°❹180° 以下。

（❷）80、頭部15個點中的G、P代表❶頂點❷黃金點❸中心點❹耳點。

（❷）81、以耳點為中心作垂直線是❶水平線❷側中線❸正中線❹臉際線。

（❶）82、要使髮量平均減少可用❶有齒剪刀❷電剪❸手推剪❹平剪 來修剪。

（❶）83、剪髮時，五、五分線以❶中心線❷黃金點❸後部點❹側部點。

（❹）84、剪頂部髮型時，是以❶側中線❷水平線❸正中線❹頂部U字線 剪髮。

（❶）85、頭髮往右拉水平剪之則髮型是❶左長右短❷左短右長❸上長下短❹上短下長。

燙 髮

一、是非題

（○）1、削過的頭髮為使燙後髮尾效果較佳，可用棉花代替冷燙紙使用。

（×）2、燙髮時不必考慮捲子方向的排列與髮型配合。

【要依髮型而排列捲子方向】

（○）3、冷燙液第一劑中所含的乙硫醇酸能提供氧分子來和頭髮的雙硫鍵產生反應。

（○）4、冷燙液的強弱可以從其pH值的高低來判斷，pH值較高較強。

（○）5、粽子燙可控制髮根不燙的長度，較適合中長髮且量多者。

（○）6、冷燙藥劑滲入毛髮後角質纖維便被軟化，並使其結合鍵產生還原切斷反應。

（○）7、正確的選用適當冷燙藥水和捲棒是燙髮成功的要素。

（×）8、燙髮前除了要檢視髮質狀況外，應檢查頭皮是否有損傷，並要做皮膚對燙劑的敏感試驗。

【可不做敏感試驗】

（○）9、燙髮劑的鬈度的形成是由卷心來決定，與時間無關。

（×）10、酸性燙髮劑要利用熱來達到催化作用。

【達到燙髮作用】

（○）11、酸鹼度低的冷燙劑滲透速度慢，可加溫縮短冷燙時間。

（×）12、強酸性的冷燙劑能讓日曬或染過而損傷的頭髮，燙後效果更佳。　　　　　　　　　　　　　　【會損傷髮質】

（×）13、冷燙比熱燙較傷髮質。　　　　　　　　【熱燙較傷髮質】

（×）14、室溫越低，燙髮時間越短。　　　　　　【燙髮時間越長】

（○）15、燙髮捲子排列，應考慮毛流生長方向。

（×）16、冷燙第一劑是切斷鹽鍵。　　　　　　　【二硫化物鍵】

（○）17、冷燙時，髮長與捲子大小成正比。

（×）18、離子燙第一劑不用軟化。　　　　　　　　【必須軟化】

（○）19、離子燙第一劑沖乾淨。

（○）20、陶瓷燙與離子燙是利用軟化熱塑原理。

（○）21、離子燙對毛髮自然鬆曲者的效果最顯著。

（○）22、氫鍵遇水或水蒸氣即可切斷。

（○）23、熱燙是將頭髮以鹼性液（氫氧化鈉、硼砂、氨水）等濕潤。

（×）24、熱燙是於50°至100℃之熱度下數分鐘，再以弱酸性溶液冷卻。　　　　　　　　　　　　　【100°至200℃】

（○）25、第一劑的硫代乙醇酸濃度為2.5至13％左右。

（×）26、第一劑放置時間越久，鬆度越佳，且可保護髮質。
　　　　　　　　　　　　　　　　　　　【頭髮受損越嚴重】

（○）27、張力是指燙髮時，伸長頭髮上捲子時拉扯的強度。

（×）28、燙髮時捲棒越靠髮尾張力愈大。　　　　　　　【髮根】

（○）29、粗硬的硬毛髮及處女毛髮不易燙鬆。

（○）30、天生胱胺酸少或遭受染、燙破壞的毛髮即使燙鬆也不易持久。

（○）31、金屬附著於毛髮上，使第一劑成份變質，不易燙鬆。

（×）32、頭髮燙不鬆大部分是藥劑問題。

【技術問題占60至80％】

（×）33、第二劑會刺激皮膚，產生過敏。　　　　　　【第一劑】

（○）34、藥捲法是一面塗第一劑於毛髮上一面上捲子。

（○）35、熱燙波紋現仍以馬塞爾波紋稱之。

二、選擇題

（❶）1、若想要髮尾不捲，髮根捲曲可以❶髮根燙❷髮尾燙❸髮中燙❹以上皆非　設計之。

（❷）2、❶扭轉燙❷三角燙❸浪板燙❹母子燙　其波紋呈波折狀，但因其捲棒易使頭髮斷裂，所以較不易被接受。

（❸）3、下列哪種設計易梳理？❶髮尾燙❷母子燙❸髮根燙❹螺絲燙。

（❶）4、設計母子燙時通常靠近髮根處應使用❶較大❷較小❸適中❹皆可　之捲子捲髮。

（❷）5、❶外翻髮型❷捲捲髮型❸黑人髮型❹波浪髮型　以上何者屬於較自然不規則的髮型？

（❹）6、頭髮長度長於7英吋可使用❶螺旋燙❷U型燙❸髮根燙❹母子燙　產生大小不同的波浪。

（❶）7、冷燙時應髮型需要用筷子支撐冷捲之燙髮，稱為❶筷子燙❷螺旋燙❸梯形燙❹髮根燙。

（❸）8、三角形髮捲燙出效果❶圓形❷方形❸三角形❹一般　捲度。

（❸）9、選用細而小捲子可燙出❶富有彈性波浪❷微捲曲的❸捲曲度強的❹大波浪型　的髮型。

（❷）10、冷燙時套上皮圈之動作❶靠近頭皮之橡皮圈要緊❷靠

近頭皮之橡皮圈要鬆❸兩邊都緊❹鬆緊不影響。

（❷）11、冷燙時藥水過度滲入頭皮會❶毫無刺激性❷頭皮受損❸頭髮粗糙❹頭髮不捲。

（❷）12、頭型越大的人，其冷燙排列以使用❶標準式❷疊磚式❸辮子燙❹螺絲燙 較適宜。

（❷）13、燙髮時頭髮越短，捲髮的髮根方向影響❶愈小❷愈大❸不影響❹視髮質而決定。

（❶）14、❶髮根燙❷髮中燙❸螺絲燙❹辮子燙 可使頭頂頭髮蓬鬆。

（❶）15、梯形捲子的捲髮方向可依❶順時針方向❷逆時針方向❸順時針或逆時針方向❹一般方向設計。

（❹）16、髮根燙之髮捲角度❶15°❷45°❸90°❹135°。

（❷）17、使用捲髮角度為90°時，其波浪❶較鬆曲❷均勻❸髮末稍鬆曲❹髮根服貼。

（❶）18、捲髮時為增加其部分重感時，應用的取髮角度為❶130°❷90°❸45°❹30°。

（❷）19、捲棒高角度取髮是採用❶90°❷90°以上❸90°以下❹45° 燙後髮根蓬鬆。

（❷）20、捲髮排列的技巧最好按著❶標準來捲❷髮型設計來捲❸隨顧客意見❹自由發揮。

（❶）21、只要燙捲髮尾可用❶髮尾燙❷髮根燙❸扭轉燙❹海浪燙。

（❹）22、冷燙設計時要針對什麼及考慮什麼？❶個人本身髮質❷髮量❸燙髮表現形態❹以上皆是。

（❶）23、燙髮效果會有U型效果是用❶迴紋燙❷夾心燙❸母子燙❹粽子燙。

（❶）24、金鋼燙又可稱為❶圈圈燙❷ET燙❸海燙❹花生燙。

（❶）25、冷燙時分區成10束髮再由每束分成幾小束上捲棒的是❶棕子燙❷花生燙❸三角燙❹圈圈燙。

（❶）26、冷燙時最重要的因素為❶捲髮技術❷髮質❸髮色❹髮量。

（❸）27、關於長髮燙髮的敘述，下列何者錯誤？❶燙長髮之髮鬆排列方式大都採直式排列❷環繞捲子的張力要平均❸避免頭髮過度蓬鬆，捲長髮之排列，大都距毛頭2至3公分不燙❹視所需鬆度來決定髮量，但髮束要平均。

（❹）28、全扭轉所燙出效果❶服貼❷髮尾捲曲❸髮根捲曲❹蓬鬆。

（❸）29、捲時一邊扭一邊捲，所得效果❶呈螺旋狀❷較為蓬鬆❸更為蓬鬆❹較為服貼。

（❶）30、頭髮試鬆不夠鬆，用什麼方式❶溫水加熱❷氧化劑❸加第一劑。

（❶）31、可使髮根膨鬆是❶髮根燙❷龍閣燙❸扭轉燙。

（❹）32、超短髮用❶夾捲❷髮根❸標準❹疊磚。

（❷）33、毛髮燙的時候，什麼最脆弱❶氫❷鹽❸胺❹硫　鍵。

（❷）34、冷燙葯水第一劑作用❶放熱❷吸熱❸存熱。

（❷）35、較適合平板燙的頭髮❶病髮❷豐厚髮❸細少髮❹叉髮。

（❷）36、在燙髮時間上較迅速卻較易傷害髮質是❶平板燙❷熱燙❸冷燙❹花式燙。

（❸）37、頭髮藥水稀釋的作用是適應❶正常性髮質❷加強鬆度❸受損或漂染過的髮質❹較粗硬的髮質。

（❹）38、稀釋燙髮藥水時最好使用❶自來水❷冰水❸熱水❹蒸餾水。

（❷）39、捲髮排列的技巧最好以❶標準捲法❷髮型設計排列❸隨
顧客意見❹自由發揮。

（❷）40、燙髮完成，將捲子拆下後用❶洗髮精❷潤絲精❸強鹼。

（❷）41、冷燙時藥水過量滲入頭皮會❶毫無刺激性❷頭皮受損❸
頭髮粗糙❹頭髮不捲。

（❷）42、燙髮時每束頭髮應❶髮尾梳順即可❷髮根至髮尾均應梳
理暢順❸髮根梳順❹拿起頭髮就捲即可燙出具光澤的髮
型。

（❶）43、受損頭髮欲加燙髮前應❶先保養❷先染髮❸先吹風❹先
捲髮。

（❶）44、捲棒排列方式不同，其產生的波紋❶不同❷相同❸無關
❹沒有影響。

（❷）45、冷燙液如有剩餘❶倒回容器內❷不可使用❸留著以後再
用❹把剩餘藥水加在一起。

（❶）46、彈性燙操作時❶先燙後剪❷免洗髮❸先染後燙❹不影響
鬆度較為自然。

（❸）47、稀薄的頭髮經燙後髮量❶不豐厚❷較薄❸較豐厚。

（❷）48、冷燙液如果讓鐵質或塵埃掉入時會變成❶金黃色❷紅色
❸乳白色❹黑色。

（❷）49、第一劑的還原藥劑主要進入❶表皮層❷皮質層❸髓質
層。

（❹）50、冷燙液一般配方的酸鹼值會調節在❶5❷8❸10❹9　上
下。

染 髮

一、是非題

（×）1、使用同一品牌的染髮劑多年後，若臉部皮膚有過敏現象，絕對不會是該染髮劑所引起的。

　　　　　　　　　【即使習慣的品牌也會有皮膚過敏現象】

（○）2、染髮時，若有金屬類附於頭髮上會發生化學變化的發熱作用。

（○）3、漂淡由黑至白每五分鐘做一次髮束試驗，其變化有七階段。

（×）4、白髮中有氣泡也有色素粒子。　　【白髮沒有色素粒子】

（○）5、染髮劑一定要加上雙氧水或粉才能使用。

（○）6、自然黑髮的漂淡過程，依時間的長短其色彩變化，順序是黑、茶、紅、黃、金黃、金、近於白色。

（×）7、任何顏色皆由紅、黃、綠等三色混合而成，所以稱此三色為顏色的主色為一等色。　　　　　【紅、黃、藍】

（○）8、永久性染髮劑一經染上後，就不可能去除其顏色。

（○）9、永久性染髮劑之顏料分子，必須滲透到毛髮之皮質層。

（×）10、使用漂淡劑時，因髮根較易褪色所以先塗抹髮根部分。

　　　　　　　　　　　【先染髮中至髮尾部分】

（×）11、染髮時，選擇基色要比自然髮色深2度。

　　　　　　　　　　　　【和自然色差別不大】

（×）12、染色體中明亮度最高的是紅色。　　　　【黃色】

（✕）13、漂染液可同時去色及上色。　　　　　　　【只能去色】

（〇）14、染髮前要先軟化頭髮。

（〇）15、染髮劑是過氧化氫與酸性甘基油混合。

（✕）16、染髮劑的功用沒有像燙劑那麼多，所以是一般化粧品。

　　　　　　　　　　　　　　　　　　　　　　【含藥化粧品】

（✕）17、半永久性染劑是由頭髮中的麥拉寧色素粒子結合。

　　　　　　　　　【不與頭髮的麥拉寧色素粒子結合】

（〇）18、染前的洗髮精用弱酸性。

（〇）19、染髮時，若金屬類附於頭髮上會產生化學變化的發熱作
　　　　用。

（〇）20、染色洗髮劑，是將液狀染劑塗於頭髮之後揉搓成泡沫
　　　　狀。

（✕）21、重複燙髮及染髮會造成吸濕力差的毛髮。

　　　　　　【會形成吸濕力強的毛髮，也就是乾燥髮】

（〇）22、雙氧水所發生的氧氣越分解脫色、黑色素就越有強烈的
　　　　作用。

（〇）23、半永久性塗劑的粒子較小。

（〇）24、羅馬時代染髮就已盛行。

（〇）25、18世紀一般人很蔑視褐免頭髮而染成金黃色。

（〇）26、雙步驟染色先用漂淡劑，其次用染色劑。

（✕）27、白髮或灰髮要施加金黃色或輕淡色度時不需要預先漂
　　　　淡。　　　　　　　　　　　　　　　　　　【需要】

（〇）28、當過氧化氫及染色溶液混合塗於頭髮後所產生的化學反
　　　　應稱之為氧化。

（✕）29、帶有銀色或白金色為暖色系。　　　　　　【冷色系】

（✕）30、帶有紅色或金色系為冷色系。　　　　　　【暖色系】

（○）31、金屬性染料會使頭髮粗糙而易斷裂，通常含銀染料具有
　　　　淡綠色、含鉛染料具有紫色、含銅的染料具有紅色。

（○）32、染色時間如未到，髮色易褪色。

二、選擇題

（❷）1、若客人頭髮色度為2度，要漂成色度4度時，應選❶4度❷
　　　　5度❸6度❹7度　染劑方可。

（❸）2、一般來説❶歐洲人❷美洲人❸亞洲人❹澳洲人　的頭
　　　　髮，染髮劑較難滲入皮質層內與麥拉寧色素粒子結合。

（❸）3、黑髮染咖啡色，經三、四個月後需補染，其色之情況為
　　　　❶新生髮變淡，髮尾變深❷新生髮及髮尾仍是咖啡色❸
　　　　新生髮黑色，髮尾變淡❹新生髮及髮尾都是黑色。

（❹）4、膚色較白者，可選用❶偏褐❷較深的顏色❸較淡色的染
　　　　劑❹任何顏色。

（❹）5、染髮劑變色越快，則含❶銅❷銀❸鐵❹鉛量　越高。

（❶）6、漂淡的頭髮❶變成多孔性❷增加光澤度❸更有彈性❹加
　　　　重顏色。

（❸）7、一般染髮劑的pH值約在❶5至6❷7至8❸9至10❹11至12
　　　　之間，易造成頭髮乾燥，故染後必須加以護髮。

（❸）8、下列有關染髮注意事項的敘述，何者正確❶使用金屬容
　　　　器調配染劑❷冷燙後，馬上染髮，效果最佳❸將白髮染
　　　　成黑髮時要從不易染之處先染❹上好染劑，宜使用有風
　　　　的加熱器，促進作用。

（❶）9、白髮染黑時，若發現白髮達到多少百分比，應先漂髮後
　　　　再染，方能達到較均勻的效果❶50%❷40%❸30%❹20

%。

（❸）10、含有穩定劑、酸鹼值在5.5左右，適用於染髮或漂染後的頭髮，效果較良好之洗髮劑是哪一種❶中性洗髮劑❷鹼性洗髮劑❸酸性洗髮劑❹弱鹼性洗髮劑。

（❸）11、第一次使用永久性染髮劑染髮時，需運用多少濃度的雙氧水來配合❶30%❷6%❸9%❹12%。

（❶）12、染髮所需的時間因室溫而異，通常約為❶25至40分鐘❷50至60分鐘❸60至70分鐘❹70至80分鐘。

（❸）13、染後髮色等於❶頭髮原色❷染劑顏色❸頭髮原色＋染劑顏色❹頭髮原色－染劑顏色。

（❹）14、以藍為基色調塗放在帶有黃色素的頭髮上時，它便會產生❶紅色❷黑色❸紫色❹綠色。

（❹）15、亞洲人頭髮的天然色素粒子含量比例不同歐洲人的頭髮色素粒子中何種粒子含量最多❶黑色❷褐色❸紅色❹黃色。

（❶）16、亞洲人的頭髮是深褐色，其中色素粒子占百分之❶五十❷三十❸二十❹十。

（❷）17、漂白後調色用的雙氧水濃度為百分之❶三十❷三❸六❹十。

（❹）18、頭髮漂淡的七個步驟最淺的是❶金黃❷灰❸黃❹淺黃。

（❷）19、有關永久性染劑的敘述，何者正確？❶金屬性染劑的缺點，在於染髮過程中會使皮膚產生紅斑及剝脫性皮膚炎❷氧化性染劑主要是以二胺苯等有機氧化染料為主❸植物性染料的效果最為明顯❹使用金屬性染劑後，最好使用髮油以增加頭髮之光澤。

（❸）20、髮色與色素粒子的關係中，淡色素粒子❶較大❷適中❸

較小❹與深色粒子同樣大小。

（❶）21、染色劑的色度數值1至10，數值愈小顏色愈❶深❷淡❸一樣❹不一定。

（❸）22、染色劑需重複施加稱為❶雙步驟染色❷重複施加染色❸以上皆是。

（❶）23、雙步驟染色應先❶施加漂白劑❷施加染色劑❸同時施加漂白及染色劑。

（❷）24、關於彩色染髮的操作敘述，下列何者錯誤？❶彩色染髮應先漂色再染色❷先噴溼頭髮並梳順❸先從後頸部位染起❹每束挑起髮片的厚度不超過一公分。

（❷）25、下列敘述何者為非？❶漂染是先去除原來髮中之色素粒子，再加上所需色彩❷淺色染深色之步驟，應由髮尾染至髮根❸暫時性染髮，顏色粒子停留在毛髮表皮膚❹雙氧水可當脫色劑使用。

（❷）26、皮膚試驗呈現紅腫與癢的現象是所謂❶負反應❷正反應❸不確定反應。

（❸）27、進行彩色染髮時應先從❶前額髮際開始❷髮尾關開始❸後頸部位染起❹任意。

（❸）28、漂髮之後，頭髮會變得❶光亮❷毛鱗片緊密❸多孔性❹鬈曲。

（❹）29、色相中彩度最高者為❶橙色❷黃色❸綠色❹紅色。

（❹）30、皮膚試驗可知道❶顯現時間❷髮色搭配❸髮質優劣❹過敏現象。

（❶）31、染髮前髮束試驗能測出❶上色時間❷過敏現象❸頭髮張力❹頭髮彈力。

（❸）32、兩瓶混合劑混合時，其比例為❶2：1❷3：1❸1：1❹

1：2。

（❶）33、黃色皮膚應選用❶較深色❷較淡色❸偏紅色❹偏黑色
之染劑。

（❸）34、膚色較紅者適合選❶稍黃❷稍綠❸稍紅❹稍黑　之染
劑。

（❸）35、純度太高的❶二硫化鈉❷溴酸鹽❸過氧化氫❹氨水　會
使頭髮受損。

（❷）36、任何染髮的顏色均由❶白、黑、紅❷紅、黃、藍❸灰、
白❹紅、綠、紫　三種主色混合而成。

（❷）37、護髮染是屬於❶暫時性❷半永久性❸永久性❹金屬性塗
劑。

（❶）38、染髮前取一髮束做測驗稱❶髮束測驗❷皮膚測驗❸頭皮
測驗❹染膏測驗。

（❸）39、以金屬性染料染頭髮、掉落呈什麼顏色❶黃❷綠❸紅
色。

（❷）40、色素粒子分布在❶表皮❷皮質❸髓質。

（❸）41、染髮劑用雙氧水，其化學式是❶$H_2O_2$❷$HO_4$❸H_2P❹
CO_2。

（❸）42、頭髮染後應❶加強按摩❷加濕❸查看頭髮變色程度❹使
用強鹼的洗髮精。

（❶）43、染髮用圍巾宜選用❶深色❷淺色❸任何顏色❹白色。

（❶）44、使用漂淡劑因以軟化抗拒性的頭髮，使其容易著色為❶
預先軟化❷酸性化❸鹼性化。

（❶）45、染色前，色卡中的自然髮色系要與頭髮的哪一部分比對
❶髮根❷髮中❸髮尾。

整 髮 與 梳 理

一、是非題

（×）1、順時針方向的平捲，應從右邊捲起。　　　　【左邊捲起】

（×）2、指推波紋是一種利用梳子、髮夾、手指及燙髮劑，將頭髮整理成波紋狀的藝術。　　　　【髮膠而非燙髮劑】

（×）3、固定髮夾時，髮夾最好與髮片成平行。　　　　【成45°】

（○）4、夾捲時挑弧形底盤，大都是使用在側面或頭部背面。

（×）5、逆梳只能增加量感，無法改變髮流的方向。

　　　　　　　　　　　　　　　　　　　　　　【可以改變髮流】

（×）6、指推波紋的操作中，若發現波紋的高度不夠，可用手指去推高成拉高紋峰。　　　　【不可用手指以免產生不順】

（○）7、指推波紋可產生髮片亮麗、服貼、S型線條的效果。

（○）8、逆梳後，在梳髮時，整個刷面平均，且輕輕的順著所需的髮向梳理。

（○）9、螺捲要使波峰高，其整髮之髮片應為抬高捲。

（×）10、逆梳方式是由髮根向髮尾逆刮，且髮梳與髮片平行運動。　　　　【髮尾朝向髮根逆刮】

（○）11、梳新娘頭，往往利用包頭方式而設計，對髮飾或頭花插的位置是非常重要的。

（○）12、指推波紋所使用的工具不外乎梳子、髮夾、髮膠等。

（×）13、髮梳正確握法，係以手腹握住刷柄，並以90°為宜。

　　　　　　　　　　　　　　　　　　　　　　　　【45°】

（✗）14、電棒使用時應將頭髮噴溼。　　　　　【不可將頭髮噴溼】

（○）15、包頭梳髮，必須靠髮夾來固定，髮夾固定時以45°角夾入，較為安定。

（✗）16、平捲順時鐘方向為正C。　　　　　　　　　【反C】

（○）17、平捲逆時鐘方向為正C。

（○）18、逆梳後，髮刷應對頭皮90度梳理，才能梳出亮麗的髮面。

（○）19、梳髮時可先做逆梳來調整髮流方向。

（○）20、逆梳時髮片的厚度約為兩公分較能使逆梳均勻。

（✗）21、使用電棒時，凹槽的一端應緊貼頭皮。

　　　　　　　　　　　　　　【凹槽不可緊貼頭皮，以免燙傷】

（○）22、手持吹風機風口呈扁平狀是為集中風力。

（○）23、波浪鉗具有各種形式，尺寸及重量，依需要髮型來決定。

（○）24、排骨梳便於梳理前額線條或將頭髮梳高角度。

（○）25、使用吹風機前必須檢查吹風機中是否有異物。

（✗）26、波浪鉗可分兩部分——熱棒及凹槽，凹槽靠近美髮師的部分稱為外緣。　　　　　　　　　　　【稱內緣】

（○）27、使用電鉗，宜用梳子抵住捲髮後，再緩緩抽出。

（○）28、美容院目前使用的電鉗為電自熱式。

（✗）29、長髮為求持久，可不用髮基。　　　　　【要使用髮基】

（○）30、指推波浪有垂直式和水平式。

（○）31、完全遠離底部為全髮幹。

（○）32、針形髮捲適用於自然或永久燙髮。

（✗）33、指推波浪下面只能做抬高捲。　　　　　【還可做平捲】

（✗）34、12點整髮時，逆時針，髮流是相同的。　　【不相同】

（✕）35、中央位置的底盤稱為全髮幹。　　　　　　　【無髮幹】

（○）36、平捲是由髮幹延伸出來。

（○）37、髮圈的大小決定波浪的寬度與強度。

（○）38、抬高捲之順時針由右邊開始操作。

（○）39、平捲之逆時針由右邊開始操作。

（○）40、三角型底盤應用於頭前部、以防止髮型的分裂。

（○）41、半月型底盤應用於側面及背部。

（✕）42、髮圈二圈為C型。　　　　　　　　　　　　　【S型】

（○）43、抬高捲向右捲為反C。

（○）44、抬高捲向左捲為正C。

（○）45、電鉗是圓形的純鋼棒。

（○）46、在側面前緣髮根上，通常使用長方形底部的針型髮捲。

（○）47、弧型底盤又稱半月型或C型底盤。

（○）48、正方型底盤可用於頭部任何地方。

（○）49、手指捲髮與針型捲髮之組合形式為跳躍式波浪。

（○）50、指推波浪時，勿以手指拉來加高髮脊的高度。

二、選擇題

（❷）1、平捲的髮圈，可分為半髮幹、全髮幹及❶空髮幹❷無髮
幹❸寬髮幹❹圓髮幹。

（❶）2、平捲之捲法有順時針及逆時針捲法，其目的使造型呈❶
波紋❷曲線❸彎線❹直線條。

（❷）3、髮型梳理方式在何種狀況下必須逆梳？❶未整髮❷髮量
少或應造型所需❸頭髮髮質不好❹頭髮太長。

（❷）4、經常使用電鉗整髮易造成❶髮質變好❷髮質容易乾燥❸

只要好好保養，髮質不會變❹髮質變細。

（❶）5、逆梳時靠髮梢處應❶弱❷強❸一樣❹均勻。

（❷）6、電鉗夾髮處，捲轉時電鉗與❶頭髮❷頭皮❸梳子❹電源始終保持一定距離。

（❹）7、螺捲捲髮之底盤分為❶1種❷2種❸3種❹3種　以上。

（❶）8、指推波紋是將頭髮梳成❶S型❷8字形❸M型❹C型。

（❶）9、梳頭的工具❶要適時清潔保養消毒❷只要清潔就好❸反正客人沒看見無所謂❹在客人面前消毒。

（❹）10、逆梳的主要目的何者為非❶增加量感❷髮型持久❸隨意變新髮型❹使髮型服貼。

（❹）11、使用指推波浪時不需考慮❶毛流生長方向❷頭髮多少❸底盤分線❹髮尾分岔與否。

（❷）12、使用電鉗整髮時頭髮應該是❶半溼❷乾的❸溼的❹不一定。

（❸）13、❶燙過❷捲過❸染髮過❹洗髮　後的頭髮絕不可使用電鉗整髮。

（❶）14、梳髮時應以❶45度❷90度❸120度❹180度。

（❶）15、吹髮或逆梳能撐住髮型之力量其重心應放在❶髮根處❷髮量❸髮莖❹髮梢。

（❶）16、淺波紋這名詞是指❶平捲❷立捲❸抬高❹空心　捲法。

（❶）17、使用電鉗時，電鉗夾髮處離頭皮至少要有❶2.5公分❷4公分❸6公分❹8公分。

（❸）18、為強調某部重感其逆梳時取髮角度為❶45°至0°以下❷60°至90°❸90°至120°❹角度不拘。

（❷）19、不需要特別強調重感以平均律動為主體時應以❶30°❷60°至90°❸90°至120°❹45°至0°　之逆梳角度。

（❶）20、若髮型需要服貼則髮片直宜採❶45°至0°❷30°至60°❸60°至90°❹90°至120° 以下倒向逆梳。

（❸）21、髮夾應以❶垂直❷60°❸45°❹20° 角度挾入。

（❷）22、髮型之立足點即所謂❶髮點❷髮基❸髮原❹髮束。

（❷）23、長髮處理中以❶轉❷束❸拉❹扭 為最基本之方法。

（❹）24、電棒整髮使它有波紋稱為❶空氣❷動力❸定型❹熱力波浪。

（❶）25、逆梳時梳子應與❶髮片❷頭皮❸地面❹手指 成直角。

（❷）26、逆梳時應從❶髮梢處❷髮根處❸耳後處❹髮中處 著手。

（❶）27、逆梳時所取之髮片❶以手指長度為限❷於10cm至15cm間❸以手掌長度為限❹隨心所欲。

（❷）28、逆梳是由❶髮根處向著髮梢處❷髮梢處向著髮根處❸髮中處向著髮梢處❹沒有限制做逆梳。

（❷）29、為使頭髮能順髮流做髮型上的變化，並增加部分的重感、服貼與美感，宜採用的方法是❶梳髮❷逆梳❸挑梳❹梳鬆。

（❶）30、逆梳頭髮的髮束厚度約❶1至2公分❷3至4公分❸5至6公分❹7至8公分 能使梳子充分梳入頭髮。

（❶）31、髮基位置乃從下顎經耳前至❶黃金點❷中心點❸頸部點❹耳後點。

（❹）32、❶洗髮❷護髮❸捲髮❹梳髮 時應以靈活的手技配合藝術的腦筋，依設計方針梳成適合於顧客的優美髮型。

（❷）33、為了創造出所需要的外型或樣式，對頭髮所做的工作稱為❶髮基❷做花❸變捲❹捲筒。

（❷）34、比賽時的梳髮用髮飾品不得超過髮型的❶1/2❷1/3❸1/4

❹1/5。

（❶）35、包頭梳理時，為讓髮型達到牢度不鬆散的效果，宜使用❶髮夾❷髮簪❸髮叉❹泡沫膠。

（❷）36、下列有關逆梳的敘述，何者錯誤❶增加髮型所需的服貼與重感❷可改善髮質❸能固定髮束，不易鬆散❹能強調髮流的流向。

（❶）37、下列梳理方法中，不適合應用於長髮髮束梳理的是❶扭轉❷束起❸逆梳❹攀攏。

（❶）38、「逆梳」可達重感效果，下列敘述中何者正確❶髮根處使力要強❷髮中處使力要強❸髮尾處使力要強❹隨設計師喜好。

（❸）39、用電鉗整髮，應以❶刷子❷布條❸梳子❹捲子　抵住電鉗以免燙傷皮膚。

（❸）40、電鉗是由❶英國人❷美國人❸法國人❹中國人　馬歇爾格雷帝所發明的。

（❷）41、美容院目前使用的電鉗為❶傳統熱式❷電自熱式❸蒸氣❹充電式。

（❸）42、電鉗不適合熨直頭髮，因為會造成頭髮❶恢復原狀❷斷裂❸變直❹變色。

（❶）43、使直髮或壓平過的頭髮做出捲髮的一種藝術為❶電鉗技巧❷髮筒技巧❸手捲技巧❹螺捲技巧。

（❶）44、電鉗靠近美髮師這邊的凹槽邊緣內緣，遠離美髮師之邊緣稱❶外緣❷上緣❸下緣❹邊緣。

（❷）45、電梳與電鉗使用方法有異，電梳使用來定型的方法稱為❶動力波浪❷空氣波浪❸定型波浪❹傳熱波浪。

（❹）46、太熱的波浪鉗往往會毀壞，因為金屬失去其❶顏色❷平

衡❸溫度❹硬度。

（❷）47、正確的整髮較為受力的部位在❶頭皮❷髮幹❸髮梢❹頭髮表皮層。

（❶）48、平鬈法的操作是由❶開口❷閉口❸左口❹右口　捲入。

（❷）49、抬高鬈捲法的操作是由❶開口❷閉口❸左口❹右口　捲入。

（❷）50、螺旋捲法的取髮約❶1公分❷2至3公分❸3至5公分❹5公分。

（❷）51、為使跳躍式波浪獲得最佳結果其髮長最好為❶1至2英吋❷3至5英吋❸5至7英吋❹10英吋。

（❸）52、具有中央封閉與中央開啟之髮捲為❶方形髮捲❷菱形髮捲❸針形髮捲❹圓形髮捲。

（❶）53、下列何種髮性可以用手指捲髮，達到較佳的效果？❶自然捲髮❷糾結頭髮❸直髮❹過燙　的頭髮。

（❷）54、手指捲髮時，需藉助下列何物？❶髮麗香❷捲髮水❸氨水❹髮油。

（❸）55、選用捲髮水時，應依據❶頭髮顏色❷價格❸頭髮性質❹捲髮水濃度。

（❷）56、在作手指捲髮時，應避免❶梳髮至頭皮❷使用過多捲髮水❸順其髮流❹將頭髮梳開。

（❹）57、手指捲髮的每一劃區的髮脊及波浪應配合❶髮際❷髮尾❸新生髮❹頭頂。

（❷）58、水平式捲髮為❶波浪是上下於頭部❷繞著頭成平行❸陰影波浪❹無波浪。

（❶）59、❶柱形鬈❷滑鬈❸雕刻鬈❹螺鬈　適合長髮採用。

（❶）60、以外眼角為基準的劃分線是❶1、9分髮❷2、8分髮❸

3、7分髮❹4、6分髮。

（❷）61、髮筒的基本捲法髮尾需❶集中❷勿集中❸分散❹隨便。

（❸）62、一束髮片在一定的圓周內，環繞數圈稱為❶指捲❷髮針
❸平捲❹立捲　捲法。

（❷）63、當希望能有效控制頭髮，使其產生柔和效果時，可以運
用❶全髮幹❷半髮幹❸雙髮幹❹無髮幹。

（❷）64、對於纖細的頭髮，若需要以蓬鬆的梳理方式時，則建議
美髮師使用❶中央開啓❷中央封閉❸局部封閉❹全部開
啓　之髮捲。

（❸）65、❶垂直式❷水平式❸跳躍式❹頂部波浪　是手指捲髮和
針形髮捲之組合圖案。

（❸）66、❶髮筒捲法❷手捲捲法❸脈形捲法❹螺捲捲法　是在特
殊髮型時使用的捲法。

（❸）67、脈形法是綜合指推波紋法與❶手捲捲法❷髮筒捲法❸螺
捲捲法❹冷燙捲法。

（❸）68、古時候的人類即有攏、束、扭技巧，而有些髮型變化皆
以❶短髮❷中長髮❸長髮❹假髮　為主。

（❶）69、依當時民間風俗習慣所流行的髮型稱為❶民俗髮式❷古
典髮式❸時髦髮式❹現代髮式。

（❹）70、在古典髮式中，我國多以❶馬尾❷髮條❸髮片❹盤髻
設計為主。

（❷）71、在古典髮式中，西方多以❶馬尾❷髮條❸髮片❹盤髻
設計為主。

（❸）72、現代21世紀所著重於剪、燙、吹、整、染的造型稱為❶
民俗髮式❷古典髮式❸時尚髮式❹現代髮式。

（❶）73、古代先民一般不懂得挽髮髻，大多留髮不剪，披搭於

肩，稱為❶披髮❷蓄髮❸辮髮❹長髮。

（❸）74、到了東周婦女多喜愛將頭髮垂至腰部，或短髮後接一段假髮稱為❶披髮❷蓄髮❸辮髮❹長髮。

（❸）75、水平波浪夾捲其順時針須向那個方向捲❶上方❷下方❸左方❹右方。

（❶）76、逆時針平捲髮流應梳成❶正C❷反C❸S。

（❹）77、電棒只用什麼試溫度❶手指❷手心❸假髮❹剪下 的頭髮。

（❷）78、側頭部做螺旋時，需防分開用❶三角型❷孤型❸正方型。

假 髮

一、是非題

（○）1、合成之假髮必須要使用溫水或冷水清洗，因熱水會使其
　　　捲曲度消失。

（○）2、假髮因需要、時尚、實用才被使用。

（○）3、清洗假髮時，假髮上多餘的水份，應以毛巾擦乾。

（○）4、為增加某部分之重感時，可使用小髮髻。

（○）5、選擇假髮笠時，應以適合自己的頭寸為第一要件。

（○）6、半頂假髮最重要的是注重顏色與髮質。

（○）7、頭頂髮量可以使用小髮片增加厚度。

（○）8、假髮曝曬陽光下，裡面的髮網應面朝上，以免髮色褪
　　　色。

（○）9、小髮髻分有圓形底盤、長圓形底盤、網狀自由形底盤。

（○）10、埃及、希臘、羅馬等曾風行假髮。

（○）11、假髮對人類有彌補在美容上之缺陷而美化外貌。

（○）12、通常配色髮是使用兩種以上之色髮混合編織。

（○）13、公元前6世紀歐洲男子留著長髮。

（○）14、羅馬時代女性喜歡添加髮飾或假髮等複雜的髮型。

（○）15、埃及最古老的髮型之一就是把頭髮中分，且長度與肩膀
　　　齊的狀態。

（○）16、中世紀時期，受到教會影響，將頭髮藏起來只露出臉部
　　　的形式最為普遍。

（○）17、文藝復興時期的男士，都留鬢髮且盛行戴假髮。

（○）18、法國革命後，假髮不再被使用。

（○）19、合成假髮燃燒較快，但臭味較少或無臭味。

（○）20、清洗假髮時應將洗髮精泡於水中，浸入假髮後順髮尾方向刷洗約10分鐘。

（○）21、假髮水洗時，先以T型針固定於假頭中，再梳通髮絲。

（○）22、真人頭髮在未漂白前應先煮沸消毒和酸劑處理。

（○）23、假髮打薄時，應儘量接近底層。

（○）24、假髮尺寸的測量處共有六點。

（○）25、乾洗假髮的化學藥品為四氯化碳。

二、選擇題

（❸）1、我國婦女使用假髮最早始於❶漢朝❷民國初年❸春秋戰國時期❹周朝。

（❸）2、英國男士們於❶13世紀❷15世紀❸18世紀❹19世紀　時也非常喜愛戴著各種顏色之假髮。

（❷）3、❶馬尾❷小髮髻❸髮條❹髮片　本身就有鬆性，裝上時，可隨髮型需要，做出髮鬆或髮流。

（❷）4、❶小髮髻❷髮條❸髮片❹馬尾　可以折成曲狀或圓形以修飾頭髮用。

（❶）5、選購❶半頂髮笠❷全頂髮笠❸髮條❹馬尾　時最注重顏色髮質，其顏色應和本人髮色一致。

（❶）6、❶小髮髻❷半頂髮笠❸髮條❹髮片　之用途最多，多為增加某部重感時最常使用。

（❸）7、❶小髮髻❷髮片❸髮條❹馬尾　是像油條狀的辮子，分

粗、細、長、短,可視需要選用。

（❶）8、選購假髮時應以適合自己❶頭寸❷顏色❸喜好❹體型 為第一要件。

（❶）9、❶半頂髮笠❷全頂髮笠❸小髮髻❹髮片　通常使用於顯 露自己前髮,接上長髮型或特殊髮型時戴用。

（❸）10、選購半頂笠時最注重❶顏色❷髮質❸顏色、髮質兩者皆 注重❹髮量。

（❶）11、假髮中以❶小髮髻❷馬尾❸髮條❹髮片　用途最多。

（❸）12、清洗合成假髮時不得使用❶溫水❷冷水❸熱水❹自來水 因其會使假髮之捲曲消失。

（❹）13、假髮乾透後,梳刷毛髮並噴灑❶髮麗香❷香水❸除臭劑 ❹保養液　以增加光澤。

（❷）14、用來存放假髮的模子是❶帆布模子❷泡棉模子❸塑膠模 子❹紙模子。

（❹）15、假髮的原料分為❶人髮❷合成或動物毛髮❸二種的混雜 ❹以上皆是。

（❶）16、假髮中燃燒較慢並發出類似燒雞毛的臭味是❶人髮❷合 成毛髮❸動物毛髮❹混雜毛髮。

（❷）17、合成假髮應於❶潮濕❷乾燥❸定型❹噴髮香　時修剪較 為適當。

（❶）18、人髮、假髮及髮飾不得使用❶永久性染色❷半永久性染 色❸暫時性染色❹一般染色。

（❸）19、通常使用何種方法可使假髮變小點?❶用冷水沖洗❷剪 掉一些假髮❸使用縫摺法❹沒有辦法。

（❸）20、製造假髮的方法有❶手工❷機器❸手工機器❹烘烤法。

（❶）21、選擇正確尺寸模子有何重要?❶保持假髮形狀❷保持假

髮鬆度❸保持假髮清潔❹保持假髮乾燥。

（❹）22、為何戴假髮？❶需要❷時尚❸實用❹以上皆是。

（❶）23、由前面至頸背使假髮縮短，應採用❶水平縫褶❷拉扯❸垂直縫褶❹水中橫織。

（❸）24、除去假髮後面的寬度（由一耳至另一耳），應採用❶水平橫織❷水平縫褶❸垂直縫褶❹垂直橫織。

（❸）25、適合所有假髮的模子為何種類型❶金屬模子❷陶瓷模子❸帆布模子❹玻璃模子。

（❶）26、假髮應每隔多久清潔一次❶2至4星期❷8至10星期❸2至3個月❹4至6個月。

（❸）27、長縷頭髮於尾端以環圈安裝者，稱之為❶辮子❷束髮帶❸盤繞式❹假髮件。

（❸）28、梳理假髮時，在頭部某些區域用捲針來代替捲髮器以保持❶防止纖維的解開❷完整的髮型❸髮型緊靠頭部❹假髮緊密連結。

（❷）29、防止假髮乾燥或脆弱，可用下列何種方法❶燙髮❷乾洗❸沖洗❹乾性洗髮。

（❸）30、人髮製成的假髮絕不可❶乾洗❷使其漂淡❸用彩色漂洗液漂洗❹修剪髮型。

（❶）31、人髮製成的假髮可藉下列何項與合成假髮加以區別❶以手觸摸❷用鼻子聞❸漂洗法❹燃燒法。

（❹）32、假髮件主要是用於與顧客自己的頭髮混和以延長❶頭髮漂染時間❷輕使的外觀❸染色時間❹頭髮的長度。

（❸）33、假髮清洗後，最重要的保養步驟為❶編結❷梳理❸潤絲❹修剪。

（❷）34、關於假髮染髮的敘述何者錯誤？❶假髮做染色前需先漂

色❷市售的假髮均可進行漂染❸假髮染色之前需做髮束試驗❹假髮染髮時，要以染髮刷把染劑均勻塗抹並噴上凝固劑。

（❷）35、人髮製成的假髮在每次乾洗後應該❶修剪❷潤絲❸再編結❹綁起。

（❷）36、選購假髮的要件以❶髮質❷髮色❸款式❹髮曲度　為首要。

（❸）37、假髮固定幾個點❶二點❷四點❸六點❹不一定。

（❹）38、假髮可使用❶無限期❷一年❸三年❹五年　以上。

（❸）39、我國於❶1867❷1920❸1968❹1981　年開始製造假髮。

（❷）40、假髮用的助染劑，其使用量不得超過❶3％❷5％❸6％❹10％。

基 本 美 顏

一、是非題

（○）1、化妝不易持久，易長粉刺、青春痘，是油性皮膚的特徵。

（○）2、年齡的增長也會造成皮膚保存水份能力的逐漸喪失。

（×）3、皮膚缺乏保濕能力，導致水份因過分蒸散而喪失，皮膚則易出現粉刺、青春痘現象。　　　【皮膚易乾燥】

（○）4、油性皮膚分泌到一定飽和量時會自動停止。

（○）5、皮膚分泌至皮膚表面，需藉由汗水的幫助使其均勻擴散。

（○）6、隨著年齡的增長、皮膚水份逐漸減少，尤以乾性皮膚為最。

（○）7、敏感性皮膚與體質、化學物刺激、香料有關。

（○）8、日曬後的皮膚，有灼熱、發紅等現象。

（×）9、面皰皮膚的惡化與飲食有關，而與陽光無關。
　　　　　　　　　　　　　　　　　　　　【與陽光有關】

（×）10、青春痘的皮膚經紫外線照射後有消炎作用。
　　　　　　　　　　　　　　　　【經紫外線照射會更惡化】

（○）11、細菌感染是面皰形成的外在因素。

（×）12、容易形成面皰的皮膚應保持清潔，避免使用臉部清潔用品。　　　　　　　　　　【應使用適合的清潔用品】

（○）13、人體的膚色主要由黑色素決定。

（×）14、黑色素細胞量的不同，決定著皮膚的黑白與否。

　　　　【皮膚黑與白和量無關，但與黑色素細胞活躍與否有關】

（○）15、日曬不是形成雀斑的原因。

（○）16、雀斑是先天遺傳的，黑斑是後天形成的。

（×）17、紫外線的照射會使黑斑加深，雀斑不會。

　　　　　　【雀斑也會因射紫外線照射而使顏色加深】

（○）18、雀斑的黑色素形成是褐色小點分布。

（○）19、紫外線的照射會使各種斑顏色更加深。

（○）20、含藥化妝品使用不當最易形成黑皮症。

（○）21、陽光會使表皮的角質層增厚。

（○）22、護膚的順序：洗臉→去角質→蒸臉→按摩→敷面→保養
　　　　品。

（○）23、乾燥皮膚屬於一般皮膚類型之一。

（○）24、斑點皮膚屬於異常皮膚的一種。

（○）25、皮膚過敏應多攝取維生素B1、B2的食物。

（○）26、柔軟性化妝水較適合中、乾性肌膚。

（○）27、收斂性化妝水較適合油性肌膚。

（○）28、健康的皮膚表現紅潤、光滑、有彈性及活力。

（×）29、秋天日曬後顏色很快就消褪，因為秋天是新陳代謝旺盛
　　　　的季節。　　　　　　**【秋天不是新陳代謝活躍的季節】**

（○）30、正常皮膚的日常保養首重清潔。

（×）31、含有維他命C的夏季專用乳液，可防止日曬後皮膚變得
　　　　乾燥、粗糙。　　　　　　**【日曬後應先暫停使用化妝品】**

（×）32、夏季容易出油出汗的皮膚應多加強柔軟化性化妝水，因
　　　　其有抑制皮脂分泌的功能。　　　　　　**【收斂性化妝水】**

（○）33、適度的日曬對皮膚有益。

（×）34、小麥色皮膚會給人予老化、不健康的感覺。

【健康的感覺】

（×）35、一個人的膚質是終身不變的。

【人的膚質會隨著年齡而改變】

（×）36、優良的皂類泡沫細緻，洗後清爽、乾澀。

【洗後不會有乾澀感】

（×）37、含有水銀（汞）製劑的化妝品具有漂白作用，可放心、
　　　　長期大量使用。　　　　　　　　　【水銀會使皮膚變黑】

（×）38、皮膚的角質變厚時會產生黑斑。

【只會變灰暗而無光澤度】

（×）39、黑色素細胞分泌黑色素，而白種人與黑種人的黑色素量
　　　　是相同的。　　　　　　　　　　　　　　　　【不相同】

（×）40、顆粒層是表皮中最厚的一層。　　　　　　　　【有棘層】

（○）41、美容霜是一種粉底面霜或隔離霜，它能與任何形式的粉
　　　　底充分地融合在一起，使化妝的沾附力良好而持久。

（×）42、油份較高的清潔霜不適合乾性皮膚使用。

【較適合乾性皮膚】

（×）43、洗臉以硬水為佳，因其含有多量的礦物質。

【應使用軟水】

（×）44、敏感皮膚選用鹼性較高的洗面皂來洗臉，不會引發皮膚
　　　　過敏現象。　　　　　　　　　　　　　　【會引起過敏】

（○）45、基底層內有黑色素細胞，它所產生的黑色素會影響皮膚
　　　　的顏色。

（×）46、粉撲使用後，應直接放在粉餅上，不要置於外面。

【要清洗乾淨】

（×）47、在日光燈下臉色顯得較青黃，宜選用金黃色系的化妝。

【宜選用粉紅色系】

（×）48、在化妝色彩的分類中，橙色屬於粉紅色系。

【橙色屬於金黃色系】

（×）49、小麥膚色應使用粉紅色系的腮紅。　【應使用磚紅色系】

（×）50、冬天膚色會產生暗濁與乾燥現象，粉底最好選用清爽性
水粉。

【水粉較適合夏天使用】

（×）51、臉型太寬，則化妝設計時宜採用亮度高的腮紅修飾。

【宜採用亮度低的腮紅來修飾】

（○）52、化妝就是利用化妝品色彩之深淺（明暗）來修飾臉部，
展現出美感。

（○）53、粉底的色調大致分為明色、暗色、基本色三種。

（×）54、冬天由於皮膚比較乾燥，因此要選擇低油性之粉底為
宜。　　　　　　　　　　　【宜選用油份高的粉底】

（○）55、粉化妝是基礎保養後直接使用密粉或粉餅為粉底的一種
化妝方法。

（○）56、修容餅可增加色彩和溫暖的感受，產生出陰暗和光亮的
效果。

（×）57、軟毛化妝刷宜使用鹼性強的清洗劑，方可徹底清洗刷子
上殘留的化妝品。　　　　　　　　　　【中性清洗劑】

（○）58、正確卸妝的步驟是先卸眼部、唇部、再卸粉底。

（×）59、卸妝時，在眼睛四周、鼻翼與嘴唇四周用力的擦乾淨。

【不可用力】

（×）60、針對膚色黑的人在做造型設計時，服裝色彩方面應避免
採用橙色與黃色的衣料。　　　　　　【橙色與黃色最適合】

（○）61、造型設計時，服裝與化妝的搭配中，藍紫色的服裝應採

用玫瑰系的唇膏與紫色等的眼影。

（×）62、在工作場合的造型設計重點，化妝方面的色彩應以鮮豔明亮的顏色為主。　　　　　　　【以溫暖柔和明亮為主】

（○）63、中年女性在化妝時應著重於骨骼的修飾與強調，而避免畫成圓型臉。

（○）64、在乾燥的眼皮上，多量的粉末會使眼皮顯得更乾燥。

（○）65、中年婦女在畫唇型時，一定要先用唇線筆或唇筆勾出唇型輪廓。

（×）66、在雙下巴及下顎鬆弛部分，最好是選用淺色的粉底來修飾。　　　　　　　　　　　　　　　　　　【深色】

（○）67、眉骨高的人可在眉毛下方擦上褐色眼影使與肌膚融合，如此可使眉毛高度不明顯。

（×）68、肝臟機能障礙，會使皮膚長出雀斑。　　　　【黑斑】

（○）69、美顏的第一個目的就是要將肌膚清潔，以避免皮膚提早老化。

（○）70、皮脂膜不但會保護皮膚，亦能防止角質水份的蒸散以保有潤澤的肌膚。

（○）71、皮膚的表皮是由表皮細胞及黑色素細胞兩者組成。

（○）72、角質層對弱酸、弱鹼、冷熱均具有抵抗力，並具有吸收之性能，故能吸收水份並防止水份之排出。

（×）73、黑斑會因遺傳而形成，因此，應常做美白之保養。

【黑斑的形成與遺傳無關】

（×）74、額部的筋肉是直的紋路成長，所以要直的由上往下來操作。　　　　　　　　　　　　　　　　【由下往上】

（×）75、角質層因含20%至30%的水份，所以皮膚才會柔軟且富有彈性。　　　　　　　　　　　　【10%至20%】

（○）76、男性賀爾蒙具有促進皮脂分泌功用，女性賀爾蒙則具有抑制作用。

（×）77、女性基礎代謝量是男性的70%，而且體內產生的熱量也較少。　　　　　　　　　　　　　　　　　【90%】

（○）78、人體蒸發1公升的汗，就會散發600卡路里的熱量。

（×）79、要表現出年輕、俏麗感的化妝時，其眼影色彩最好是使用褐色系的眼影。　　　　　　　【應使用綠色系眼影】

（×）80、由於臉型不同，給予人的印象也不同，一般來說，圓型臉會給人溫柔、沉靜感。　　【圓型代表年經、可愛】

（○）81、眉毛可決定臉型印象，例如，眉弓低的給人有年輕感。

（○）82、在化妝設計中，要表現出典雅及時髦感。

（×）83、不同型態美的設計，其差別是在於粉底的色彩不同而已。　　　　　　　　【尚有眼影、腮紅、口紅及其他因素】

（○）84、想要表現出具有野性美的化妝時，眉型方面以直線上揚的眉型為佳。

（○）85、身材高挑者在穿著上，應避免垂直線，且應避免穿著布料太薄、太貼身的服裝。

（×）86、色系粉紅及藍色屬於金黃色系。　　　　　　【粉紅色系】

（○）87、黑斑肌膚除日常保養外，可多攝取維生素C。

（×）88、化妝時，粉底要使用化妝棉擦拭均勻。　　　　　【海棉】

二、選擇題

（❸）1、卸妝時，應從❶雙頰❷額頭❸嘴唇❹下顎　部位先行卸妝。

（❸）2、皮膚的色素細胞存在❶角質層❷粒狀層❸基底層❹刺覺

層。

（❸）3、油性皮膚及青春痘皮膚較適合採用❶日式❷賈克奎❸歐
式❹羅林式　按摩法。

（❶）4、含維生素A酸之面霜，係用於❶預防面皰❷美白皮膚❸
保養皮膚❹止汗臭。

（❶）5、按摩可促進表皮中❶血液❷汗腺❸淋巴腺❹皮脂　的循
環順暢。

（❸）6、洗臉使用洗面皂最主的目的是❶營養皮膚❷美化皮膚❸
清潔皮膚❹健美皮膚。

（❷）7、為達到良好洗臉效果，宜使用❶冷水❷溫水❸熱水❹硬
水。

（❸）8、化妝時，修飾臉形輪廓不缺的產品是❶眉筆❷睫毛筆❸
腮紅❹蜜粉。

（❷）9、人體的熱量有❶70%❷80%❸90%❹30%　左右是皮膚
所散發的。

（❶）10、以生理學和皮膚的組織來談，女性到了❶25歲❷30歲❸
40歲❹45歲　以後，皮膚就開始衰老。

（❶）11、為使角質層角化正常，除應多攝取動物性蛋白質外，並
應多攝取❶維他命A❷維他命B❸維他命C❹維他命D。

（❷）12、表皮共分五層，由外而內，第一層是角質層，第三層是
❶基底層❷顆粒層❸透明層❹有棘層。

（❸）13、缺乏維他命❶A、B_{12}、E❷C❸A、B_2、$B_6$❹D　時，皮
膚易產生面皰。

（❹）14、痤瘡是由於何者因素所致？❶消化系統遲緩❷營養失調
❸運動不足❹皮脂腺腫囊。

（❶）15、位於額部、眼睛、口角周圍呈現左右相對稱的黑褐色斑

點，稱之為❶黑斑❷雀斑❸乾斑❹曬斑。

（❶）16、皮膚角化正常時，皮膚表面會柔軟、光滑，然而要促使正常角化必要的東西為動物性蛋白質與❶維他命A❷維他命C❸維他命D❹維他命B。

（❷）17、皮膚的附屬構造包含毛髮、汗腺、皮脂腺及❶運動神經纖維❷指甲❸血管❹感覺神經纖維。

（❶）18、中年婦女在選擇眉筆顏色時，應避免選用❶黑色❷灰色❸褐色❹灰黑色。

（❶）19、中年婦女要修飾唇角法令紋時，應選擇比臉部的粉底顏色❶明亮❷暗些❸清爽❹油膩。

（❶）20、想要表現出典雅感的中年女性妝，其唇膏的顏色應選用❶玫瑰色❷褐色❸粉紅色❹銀白色。

（❶）21、想要表現出自然感的中年女性化妝，其腮紅可選用❶淺橘色❷玫瑰色❸咖啡色❹粉紅色　的修容餅。

（❷）22、具有幹練表現感的中年女性化妝，在粉底方面宜採用❶粉紅色系❷褐色系❸杏仁色系❹黑色系　來化妝。

（❷）23、夏季首重防曬，宜預防因紫外線而引起的❶雀斑❷光過敏❸黑斑❹面皰　皮膚。

（❸）24、夏季皮膚保養應加強❶滋潤❷高油質❸美白❹按摩。

（❹）25、冬季皮膚保養首重❶清爽❷美白❸清潔❹滋潤。

（❶）26、表皮細胞的營養補給來自真皮的❶微血管末端❷結締組織❸皮脂腺❹汗腺。

（❹）27、皮膚的老化現象最明顯的是❶手部❷臉部❸頸部❹以上皆是。

（❹）28、人體膚色決定於❶黑色素❷葉紅素❸血紅素❹以上皆是。

（**3**）29、下列所述何者為是？**❶**皮膚的黑、白與黑色素無關**❷**皮膚的黑、白原因，是黑色素細胞量的不同**❸**皮膚的黑、白與黑色素的量無關，而與活動力有關**❹**皮膚黑者表示黑色素含量較多。

（**1**）30、黑斑的形成下列何者為內在因素？**❶**懷孕**❷**香料**❸**化妝品**❹**陽光。

（**4**）31、經紫外線照射會造成色素加深的是何種斑？**❶**雀斑**❷**老人斑**❸**黑皮症**❹**以上皆是。

（**1**）32、皮膚的營養來自**❶**血液**❷**汗液**❸**神經**❹**皮溝　的供應。

（**4**）33、提高新陳代謝防止小皺紋形成的是**❶**維生素A**❷**維生素D**❸**維生素C**❹**維生素E。

（**2**）34、下列何者對皮膚有益？**❶**劇烈運動**❷**正常排泄**❸**攝取刺激性食品**❹**攝取脂肪類食物。

（**4**）35、下列何者對美顏有幫助？**❶**維他命A**❷**維他命C**❸**維他命E**❹**以上皆是。

（**3**）36、黑斑的形成是**❶**血紅素**❷**透明層**❸**色素細胞**❹**脂肪球所引起。

（**4**）37、表皮沒血管，營養需依靠**❶**皮脂**❷**肌肉**❸**神經**❹**淋巴液供給。

（**4**）38、皮膚有調節體溫的作用，遇冷時毛細孔會**❶**擴張**❷**分泌**❸**吸收**❹**收縮。

（**2**）39、表皮內生命力最旺盛的細胞**❶**黑色素細胞**❷**基底細胞**❸**角質細胞**❹**有棘細胞。

（**4**）40、下列何者是皮膚保持年輕健康的條件？**❶**保持清潔**❷**均衡的營養**❸**充足的睡眠**❹**以上皆是。

（**3**）41、T、P、O是指**❶**髮型、化妝、配飾**❷**服裝、色彩、造型

❸時間、地點、場合❹化妝、按摩、保養。

（❷）42、皮膚過敏應多攝取❶維生素A❷維生素B_1、$B_2$❸維生素C❹維生素E。

（❸）43、美麗的皮膚最根本的原則是❶按摩❷敷面❸清潔皮膚❹指壓。

（❹）44、乾燥皮膚在❶春季❷夏季❸秋季❹冬季　會有惡化的現象。

（❷）45、皮膚占人體重量約❶2至6%❷6至16%❸16至26%❹60至70%。

（❷）46、有警惕作用的心理顏色為❶紅色❷黃色❸綠色❹黑色。

（❹）47、介於紅色與黃色中間的色彩為❶綠色❷白色❸紫色❹橙色。

（❸）48、象徵著危險、積極的色彩為❶黃❷橙❸紅❹綠色。

（❹）49、色相中度最低者為❶橙❷紫❸綠❹紅色。

（❶）50、金黃色系化妝在效果上能表現❶年輕❷成熟❸柔美❹知性。

（❹）51、晚上化妝宜加強❶粉底❷眼影❸口紅❹均重要。

（❶）52、參加宴會化妝，宜表現❶高雅、亮麗❷柔和、年輕❸淡雅、清新❹知性、自然。

（❹）53、咖啡色系化妝在效果上感覺較為❶柔美❷嬌艷❸明亮❹立體感。

（❶）54、粉紅色系化妝在效果上能表現❶柔美❷知性❸成熟❹立體感。

（❷）55、在上班化妝時，要表現明快開朗，唇膏宜選用❶褐色系❷粉紅色系❸玫瑰色系❹黃色系。

（❶）56、拜訪長輩為表示禮貌，化妝色彩應以❶粉紅色系❷金黃

色系❸中間色系❹褐色系　為宜。

（❷）57、晚上參加宴會，粉底宜選用❶金黃色系❷粉紅色系❸中間色系❹褐色系　皮膚會顯得白皙。

（❸）58、白天外出在陽光下宜採用❶粉紅色系❷紅色系❸褐色系❹藍色系　化妝較為柔和。

（❶）59、色彩當中哪些屬於P色調？❶淺綠、淺藍、粉紅❷紅、黃、藍❸黑、白、灰❹深紅、深藍、深綠色。

（❸）60、家居化妝以❶強眼❷明亮❸保護皮膚❹濃艷為主。

（❹）61、家居化妝的粉底宜採用❶粉條❷水粉❸蓋斑膏❹粉餅為佳。

（❶）62、互補色相混合會產生❶灰色❷白色❸黑色❹紅色。

（❹）63、電燈炮下的宴會妝應採用❶綠色系❷粉紅色系❸紅色系❹金黃色系　為宜。

（❹）64、與平輩、晚輩相處應採用❶綠色系❷紫色系❸粉紅色系❹金黃色系　為宜。

（❸）65、無色彩中明度最低的是❶白色❷灰色❸黑色❹無色。

（❶）66、無色彩中明度最高的是❶白色❷灰色❸黑色❹無色。

（❷）67、色相代號為❶H❷V❸L❹T。

（❷）68、顏色的相貌稱為❶明度❷色相❸彩度❹明色。

（❸）69、色彩的濃度是指❶色相❷明度❸彩度❹明色。

（❸）70、下列何者不是原色？❶紅色❷黃❸橙❹藍色。

（❶）71、任何顏色加上白色，明度會❶增高❷降低❸不變❹不一定。

（❸）72、色相中加上何者顏色明度會降低❶白❷紅❸黑❹黃。

（❷）73、紅色加上白色，色相❶會改變❷不變❸顏色❹不一定。

（❷）74、純色中明度最高為❶紅❷黃❸藍❹綠色。

（❹）75、色相環中，接近紅色的稱為❶寒色❷中間色❸中性色❹暖色。

（❶）76、色相環中，接近藍色的稱為❶寒色❷中間色❸互補色❹暖色。

（❸）77、下列何者非暖色？❶黃❷橙❸綠❹紅色。

（❹）78、下列何者為寒色？❶藍❷綠❸灰❹皆是。

（❶）79、黑皮膚的人在選用唇膏時以下列哪種色系最適合？❶棕色系❷粉紅系❸紅色系❹銀色。

（❷）80、要表現出優雅、成熟感的化妝，其膚色應是屬於下列哪一種？❶柔和而帶有淺紅色的肌膚❷膚色白而具有透明感的❸帶青而白皙的肌膚❹深咖啡色系皮膚。

（❶）81、在眼影的色彩中，褐色的眼影色彩代表❶穩重的感覺❷優雅、神秘的感覺❸清爽、涼快的感覺❹熱情的感覺。

（❶）82、要做好化妝必須瞭解臉的均衡比例與尺吋，所以由額頭的髮際到下巴的長度大約是❶18.5cm❷16.5cm❸14.5cm❹11.5cm。

（❶）83、鼻寬大約是以❶3.5cm❷4cm❸5cm❹6cm。

（❶）84、哪種妝又厚又油❶粉條❷粉膏❸粉妝。

（❷）85、長青春痘下列何者為非❶毛囊角化❷遺傳❸清潔不當❹女性荷爾蒙分泌失調。

（❹）86、口匝肌生長會和哪裡的肌肉生長方向相似❶額肌❷頸肌❸鼻肌❹眼匝肌。

（❸）87、人體最先反應按摩所產生的效果是在哪個部位❶黏膜❷嘴肉❸皮膚上❹眼瞼下。

（❹）88、按摩在於刺激及強固❶骨骼組織❷淋巴腺❸頭髮❹肌肉纖維。

（**❸**）89、皮膚在下列何種情況下不可按摩**❶**出現斑點時**❷**白化病**❸**擦傷**❹**緊繃。

（**❷**）90、象徵發炎的症狀是下列哪一種**❶**禿頭症**❷**皮膚炎**❸**灰髮**❹**雀斑。

（**❷**）91、按摩中的輕擦法是為了使皮膚得到**❶**刺激的效果**❷**撫慰及鬆弛的效果**❸**激勵的效果**❹**催眠的效果。

基本指甲修護認識

一、是非題

（○）1、代表指甲任何疾病之學名是指甲病變。

（○）2、防止或矯正脆弱指甲及乾燥表皮，可使用表皮膏。

（○）3、理想的指甲形狀是橢圓形。

（○）4、如果母體組織被破壞，指甲會生長遲緩。

（○）5、環繞指甲四周重疊部分的皮膚通常稱為外皮。

（○）6、護手霜及乳液特別適用於乾燥龜裂的皮膚。

（○）7、柔軟及潤滑指甲四周的皮膚，應使用表皮油。

（○）8、健康的指甲呈現粉紅色。

（○）9、健康的指甲是光滑成弧形，而且無任何的凹陷或浪狀楞紋。

（○）10、如果不加以適當的照顧，指甲倒拉刺極易會被感染。

（○）11、指甲上出現白色斑點，即所謂的白斑。

（○）12、指甲不正常的過度生長又稱指甲肥大。

（○）13、指甲片由指甲根延伸至指甲母體。

（○）14、神經及血管是位於指甲母體組織。

（×）15、成年人指甲之生長平均為每星期0.3125公分。【每個月】

（○）16、指甲油的正確使用方法是由指甲基部擦到指尖面，並且迅速而輕微地塗過。

（○）17、指甲增白劑呈膏狀及糊狀。

（○）18、指甲易斷裂的人通常是患有慢性的神經系統疾病。

（○）19、香港腳又稱金錢癬。

（○）20、人工指甲有助於隱藏破裂的指甲。

（○）21、除去指甲上的指甲油，應使用去光油。

（○）22、指甲四周外皮分裂的現象是指甲旁倒拉刺現象。

（×）23、成人的指甲成長速度比兒童快。　　　　【比兒童慢】

（○）24、指甲油中的溶劑及去光水易使指甲脆弱。。

（○）25、方形的指甲在塗指甲油時，可在周圍留出空白。

（○）26、挖刀的功能在清除鬆脫的死皮。

（○）27、欲徹底清除指縫及指甲內污垢，可藉由指甲刷來協助。

（○）28、指甲長白斑以女性居多，原因是使用劣質指甲油。

（○）29、指甲含水量在10%以下時會造成指甲乾裂及皮膚脱皮。

（○）30、構成指甲的組成元素多寡依序為：碳、氮、氫、硫。

（×）31、缺乏維生素B會造成指甲脆裂。　　　　【維生素A】

（○）32、留指甲應注意以不宜超過指甲的三分之一較適合。

（○）33、正確的銼刀使用法是和指甲呈45度朝同一方向修平。

（○）34、去光水即丙酮，又稱阿西通。

（○）35、足癬和手癬會經由污染的物品來傳染。

（×）36、避免指甲變黃，使用指甲油時底層的顏色宜塗紅色的指
甲油。　　　　【無色】

（×）37、可以產生新指甲的部位為甲床。　　【甲母質與甲床】

（○）38、指甲的皮層又稱嫩皮，具有保護甲母上皮及維持一定量
水和脂肪的功能。

（×）39、用來磨平指甲邊緣使其平順的是銼刀粗的那一面。
　　　　【細的一面】

（○）40、指甲的作用是用來保護手指及腳趾尖的。

（○）41、使用嫩皮刀應將刀尖朝上，與皮呈反方向，才不致發生

危險。

（○）42、橙木棒的作用是清潔指甲和按摩指甲。

（×）43、修指甲時，凍甲、死皮及甲穿肉是可以處理的。

【要請皮膚科醫師處理】

（○）44、修指甲時，浸泡肥皂水可軟化甲皮。

（×）45、指甲分離是指指甲床會離開指甲體，原因是有空隙。

【可能隨著某種疾病而發生，如梅毒】

（○）46、隱藏在皮膚內的指甲根元之部分為指甲根。

（○）47、指甲成長速度一天約0.1至0.14mm。

二、選擇題

（❷）1、覆蓋於指甲油上，防止指甲油分解或碎裂者為何物❶基層塗劑❷封臘❸亮光漆❹研磨劑。

（❸）2、除去指甲上舊的指甲油，應使用❶橄欖油❷過氧化氫液❸去光劑❹肥皂水。

（❷）3、使用指甲油最好是❶塗在最上層之上❷塗在基層塗劑之上❸塗在封膠之上❹塗在基層塗劑之下。

（❸）4、下列何者會導致指甲上的波浪稜紋❶銼磨指甲的不小心❷外皮的乾燥❸指甲生長不平均❹咬指甲。

（❸）5、指甲輪癬又稱❶指溝炎❷指甲內生❸指甲金錢癬❹脆裂指甲。

（❹）6、指甲倒拉刺可能是由於下列何者過分乾燥所致❶指甲基部半月形地帶❷真皮❸髓質❹指皮。

（❷）7、指甲分歧、斷裂是下列何者造成的❶指甲亮光漆❷銼磨指甲的大意❸指甲倒拉刺❹頂層油衣。

（❷）8、指甲四周組織感染及發炎的情形是所謂的❶指甲萎縮症❷指溝炎❸指甲床發炎症❹指甲脫落症。

（❶）9、指甲倒拉刺藉用下列何者來柔軟外皮而加以治療❶熱的油液❷硼酸❸強性肥皂❹去光油。

（❸）10、指甲溝形皺紋是由下列何者所引起❶過敏症❷皮膚炎❸疾病❹指甲油。

（❸）11、指甲出現感染現象時，應由下列何者治療❶修指甲師❷美髮師❸醫生❹美容師。

（❷）12、膿腫是何處發炎而形成的化膿現象❶指甲體❷指甲母體❸指尖面❹指甲側邊　的外皮。

（❷）13、修指甲工具應多久消毒一次❶一天❷每次使用後❸每星期❹二星期。

（❷）14、指甲根始於一種活躍的生長組織稱之為❶指甲基部半月形地帶❷母體❸指甲床❹指甲床表皮。

（❸）15、指甲床延伸至指尖的部分是❶指尖面❷母體❸指甲根❹指甲床。

（❸）16、指甲片附著的皮膚是❶指甲凹溝❷表皮❸指甲床❹指尖面。

（❷）17、神經及血管位於指甲❶片❷床❸基部半月形地帶❹角質素。

（❷）18、指甲母體的細胞❶不活動的❷經常再生❸只在夜晚生長❹進行微弱的過程。

（❸）19、指甲基部半月形地帶位於指甲何處❶邊緣❷側邊❸底部❹溝槽。

（❷）20、指甲基部的指甲白呈何種形狀❶全月形❷半月形❸方形❹圓周形。

（３）21、使用修指甲的工具前，應先將它們❶以衛生紙擦式❷以毛巾擦拭❸清潔及消毒❹浸在溫水中。

（１）22、下列何者可以改善乾燥的指甲根部表皮❶表皮膏❷漂白劑❸研磨劑❹緩和劑。

（３）23、下列何者中含有鈉或氫氧化鈉的溶液❶表皮膏❷表皮油❸表皮去除劑❹指甲增白劑。

（２）24、為了避免腳趾甲長進肉內，不要修剪或銼磨❶指尖面❷進入趾甲的角落❸橫過指尖面❹使趾甲變圓。

（３）25、防止指甲分叉斷裂，可使用指甲❶綑和劑❷封臘❸增固劑❹研磨劑。

（２）26、指甲溝形成皺紋是由接近下列何處細胞的受傷所引起❶指尖面❷母體❸指甲壁❹指甲溝槽。

（４）27、指甲在下列何種情況中生長較快❶在冬天❷成年時❸兒童期❹在春天。

（１）28、何種甲病變以油液修指甲術修指甲最好❶指甲分歧斷裂❷啃咬指甲❸指甲肥大❹萎縮症。

（４）29、緊張常會養成咬指甲的習慣，而引發❶白斑❷膿腫❸指甲肥大❹啃咬指甲。

（４）30、指甲是下列何者的附屬物❶頭髮❷皮脂腺❸汗腺❹皮膚。

（３）31、指甲是由下列何種物質構成❶黑色素❷血紅素❸角質❹血球。

（２）32、浮石粉含於下列何者中❶表皮膏❷指甲研磨劑❸護手霜❹護手乳液。

（４）33、不規則的指甲稜紋可用下列何者使其平滑❶表皮去除劑❷亮光漆❸指甲緩和劑❹滑石粉。

（❶）34、下列何者可使指甲去光油內的有機溶劑，使乾枯效果減至最低❶油❷滑石粉❸指甲增白劑❹指甲漂白劑。

（❸）35、基層塗劑通常是用於❶最外層塗物上❷在上了指甲油後❸在上了指甲油前❹塗在指甲油上。

（❷）36、頂層油衣或封臘可使指甲油❶固著於指甲表面❷防止指甲破損❸在外觀上顯得暗淡❹容易剝落。

（❶）37、為了達到更自然的效果，指甲形狀應配合下列何者❶雙手❷表皮❸皮膚組織❹指尖。

（❷）38、在修指甲時受到輕微的割傷，為了收縮皮膚以止血，應使用❶止血棒❷止血粉❸消毒劑❹滑石粉。

（❷）39、使用指甲油更持久，並增加光澤的是❶指甲油❷亮光油❸護甲油❹嬰兒油。

（❶）40、塗指甲油的順序從指甲的哪一部分開始？❶中間❷左邊❸右邊❹上面。

（❹）41、使用劣質指甲油會造成❶指甲脆裂❷指甲變色❸指甲表面凹凸不平❹以上皆是。

（❷）42、塗指甲油時的正確方向是❶來回塗抹❷由甲根向甲尖塗抹❸由甲尖往甲根塗抹❹左右來回塗抹。

（❸）43、擦指甲油開始的部位是❶內側❷外側❸中央❹全部一次擦完。

（❷）44、指甲美化之色應配合❶鼻影❷口紅❸眼線❹睫毛　的顏色。

（❶）45、指甲油中的溶劑及去光水易使指甲❶脆弱❷更有光澤❸鮮艷❹修長。

（❶）46、指甲上有煙燻痕跡或果漬可用過氧化氫或❶檸檬汁❷橘子汁❸蕃茄汁❹絲瓜水　去除。

（❷）47、指甲含水量約❶5%❷10%❸3%❹20%。

（❶）48、組成指甲的元素占最多的是❶碳❷氮❸氫❹硫。

（❷）49、可包棉花沾去光水清洗指甲，並可用來按摩指甲周圍的
工具是❶銼刀❷橙木棒❸挖刀❹指甲磨光器。

（❶）50、會使指甲看起來粗胖的是❶方形❷橢圓形❸尖形❹兩側
直頂端圓形。

（❷）51、適合指甲厚且下彎的是❶方形❷橢圓形❸尖形❹兩側直
頂端圓形。

（❸）52、指甲一個月平均長❶0.1mm（公厘）❷1mm（公厘）❸
3mm（公厘）❹3cm（公分）。

（❸）53、手指粗短的人適用❶正紅色❷咖啡色❸粉紅色❹桃紅色
的指甲油。

（❸）54、健康指甲呈粉紅色是❶甲板❷甲母上皮❸甲床❹指甲弧
影顏色。

（❹）55、維他命❶A❷B❸C❹E　能防止指甲脆裂。

（❸）56、一般家庭主婦常作家事要用到手，因此指甲的形狀較適
合修剪成❶方形❷尖形❸短的圓形❹長的橢圓形。

（❹）57、不適當的修剪指（趾）甲，不可能造成❶指甲之側緣擠
入皮膚裡❷指甲嵌入症❸發炎、肉芽組織形成、疼痛❹
指甲彎勾症。

（❹）58、下列何者正確❶指甲應剪去甲皮，並修成尖長形、以求
美觀❷指甲應剪短些，讓甲床裸露在外，以求整潔衛生
❸指甲應終年塗指甲油或戴假指甲，以保護真指甲並增
加美觀❹指（趾）甲應修剪成正好覆蓋甲床的形狀，並
保持清潔與乾燥。

（❸）59、手指較纖細者，指甲較適合修剪成❶方形❷圓形❸橢圓

形❹三角形。

（❸）60、指甲發生白點狀表示❶發炎❷缺血❸使用劣質指油❹沾到色素。

（❶）61、指甲的剪刀用完❶馬上消毒❷有空再消毒❸不用消毒。

（❸）62、理想的指甲形狀是❶尖形❷長方形❸橢圓形❹圓形。

（❹）63、為了達到更自然的效果，指甲形狀應配合下列何者❶雙手❷表皮❸皮膚組織❹手指尖。

（❷）64、修指甲時，工具應放在❶修指甲桌的抽屜內❷置有酒精的消毒器中❸浴指盆裡❹指甲師的口袋裡。

（❶）65、為了防止指甲四周皮膚乾燥，可使用❶外皮霜❷去光水❸酒精❹防腐劑。

（❶）66、修指甲時，指甲應該以下列何種方式銼磨❶由旁角至中央❷筆直通過❸由中央至旁角❹由旁角至旁角。

（❹）67、修指甲根部外皮的工具稱為❶指甲磨光器❷鋼壓磨器❸外皮夾剪❹指甲刷。

（❶）68、下列化妝品中何者可以改善乾燥指甲根部外皮❶外皮霜❷漂白劑❸研磨劑❹軟化劑。

（❸）69、修指甲時的輕微流血可使用下列何者止血❶酒精❷消毒劑❸止血粉❹封膠。

（❹）70、指甲油的正確使用方法是由指甲根部塗到指甲尖，並且❶使用濃稠指甲油❷使用短促而抽動的塗法❸塗三層❹迅速而輕微地塗刷。

（❹）71、為了保持顧客雙手的彈性及平滑，每一次修指甲時應包括❶指甲包紮❷修趾甲❸揉搓❹手部按摩。

（❶）72、對具有楞紋及易斷裂的指甲，或外皮乾燥的顧客，應建議使其用❶熱油液修指甲術❷電動修指甲❸隔間修指甲法❹指甲包紮法。

（❶）73、人工指甲有助於❶隱藏破裂的指甲❷包藏細菌❸使指甲長得更快❹防止指甲變色。

（❶）74、小腿部、腳部及腳趾的保養稱之為❶修趾甲術❷營養肥大症❸修指甲術❹指甲周圍組織發炎。

（❹）75、腳趾間的水泡及厚皮是哪一種症狀？❶蛇皮癬❷指甲床發炎❸腳肉芽❹香港腳。

（❷）76、重疊在指甲基部半月形地帶的表皮是指甲的❶指甲溝內皮❷外皮前緣❸底槽❹指甲溝。

（❷）77、外皮是指圍繞在下列何處的重疊皮膚❶手指❷指甲❸指尖面❹母體。

（❸）78、壞死的表皮可以下列何者先使其柔軟以準備去除❶外皮壓磨器❷研磨劑❸軟化劑❹明礬液。

（❷）79、指甲可用下列何者以防止其破損❶指甲油❷頂層釉液❸基層塗劑❹明礬粉。

（❸）80、指甲油的固著面可使用❶軟化液❷封膠❸基層塗料❹頂層釉液。

（❸）81、香港腳又稱為❶靜脈瘤❷蛇皮癬❸金錢癬❹指甲肥厚症。

（❷）82、按摩足部與腳部時，不要按摩哪裡❶足踝❷脛骨❸小腿❹肌肉。

（❹）83、去除指甲上的污垢，應使用❶去光水❷表皮油❸指甲增白劑❹指甲漂白劑。

（❸）84、指甲增白劑應被用在❶指甲基部半月形地區❷甲尖面的尖端❸指甲尖的下面❹指甲的側邊。

（❶）85、護手霜及乳液特別適用於❶乾燥龜裂的皮膚❷油性皮膚❸曬黑的皮膚❹有斑點的皮膚。

（❸）86、下列何者中含有鈉或氫氧化鈉的溶液❶表皮霜❷表皮油
❸外皮軟化液❹指甲增白劑。

（❸）87、指甲清潔劑中的活性媒介物質通常是❶水❷肥皂❸過氧
化氫❹清潔劑。

（❸）88、防止或矯正脆弱的指甲及表皮，可使用❶指甲增白劑❷
表皮研磨劑❸表皮霜❹乾性指甲油。

（❹）89、柔軟及潤滑指甲周圍的皮膚，應使用❶滑石粉❷指甲漂
白劑❸外皮軟化劑❹表皮油。

（❷）90、指甲增白劑成霜狀、膏狀、及❶液狀❷糊狀❸粉狀❹油
狀。

（❶）91、指甲壁（牆）是重疊於哪裡的小部分皮膚❶底槽側邊❷
母體側邊❸指甲床側邊❹指甲體側邊。

（❹）92、指甲溝是何者的溝軌❶指甲側邊❷指甲基部❸指甲根部
❹指甲底槽。

（❶）93、圍繞整個指甲邊緣的指皮部分是❶底槽❷甲周外皮❸指
甲根❹母體細胞。

（❶）94、健康的指甲是光潔成弧形而且無任何的凹陷或❶浪狀楞
紋❷彎曲❸堅牢❹顏色。

（❶）95、屬於指甲的一部分，其延伸超過指尖的部分稱之為❶指
甲尖❷母體❸指甲根❹指甲床。

（❶）96、指甲片由指甲根延伸至❶指甲基部半月形地帶❷指甲母
體❸指甲床❹指甲。

（❷）97、指甲根是位於下列何者的指甲外膜中❶指甲頂端❷指甲
基部❸指甲側邊❹指甲尖端。

（❹）98、指甲是下列何者的附屬物❶頭髮❷皮脂腺❸汗腺❹皮
膚。

（❸）99、指甲是由下列何種物質所構成❶麥拉寧色素❷血紅素❸蛋白質❹血球。

（❸）100、如果母體組織被破壞，指甲會❶退縮回去❷不再生長❸生長快速❹生長緩慢。

（❷）101、環繞指甲四周重疊部分的皮膚稱為❶指甲母體❷指甲溝❸底槽❹外皮。

（❹）102、在指尖下面的外皮稱為❶指甲溝內皮❷外皮前緣❸指甲白❹底槽。

（❶）103、指甲基部延伸的外皮稱為❶指甲溝內皮❷底槽❸指甲白❹外皮前緣。

職業道德與化妝品的認識

一、是非題

（○）1、凡年在15歲以下，或目力昏花者不能充任理髮師。

（○）2、交換名片，宜由晚輩先遞出。同輩任何一方先遞出皆可，但新進同事宜先遞名片。

（○）3、餐桌如在餐廳的中間，靠近廚房門口的一邊是主人的位置，面對門的席位是最上位。如客人全為成對的夫婦，應讓每一對夫婦都並肩而坐，男士與女士相間。

（○）4、整理儀容時應注意的要點：頭髮、面容、身材、神情。

（○）5、乾淨、整齊、自信是儀容展現的三大原則。

（✗）6、與客人交談或討論的話題應是天南地北無所不談。
　　　　　　　　　　　　　　　　　　　【應是不受爭議的話題】

（○）7、將職位、輩份低的先介紹給職位、輩份高的人；然後向職位、輩份低的人介紹職位、輩份高的人。

（○）8、不斷的吸取新知和研究新技術，以提供最新最好的技術服務顧客是美髮師應有的。

（○）9、合理適度的營養為身體健康的基礎。

（✗）10、理髮師修面時如天氣太熱可不用戴口罩。
　　　　　　　　　　　　　　　　　【要戴口罩以符合衛生標準】

（✗）11、下樓梯時應男士在前、女士在後，幼者在前、長者在後，以策安全。　　　　　【長者在前、幼者在後】

（✗）12、接聽電話時應以愉悅的聲音說話，為了讓對方有充裕的

時間接電話，電話聲響應以三聲為佳。

【應在二響後三響前接】

（ｘ）13、行走時的禮節，以前尊、後卑、左小、右大，因此多人行走時走在中間的身分最大。　【應是走在最前者最大】

（○）14、介紹男士給女士時，應由女士先伸手示意握手，男士始可回握，否則算是失禮。

（○）15、別人在說話時，若事不關己，應該立即迴避，不可好奇。

（○）16、待客禮節過分謙虛與自負都不真實，要有不卑不亢的誠意。

（○）17、與客人在言談中要抓住客人的心理懂得善用應對的要領，是留住客人的好技巧。

（○）18、客人任何指責，都應該接受，並且心平氣和、耐心聆聽，不可與客人爭吵。

（○）19、同業間，不要互相挖角，競標價格破壞原則。

（○）20、為維護國家利益、社會道德，同業間有人非法營業，應該勇於揭發。

（○）21、美容師有責任，給予顧客任何相關諮詢，要親切確實給予答覆，不可有不耐煩的感覺。

（ｘ）22、對客戶為了表示親切及抓住客戶的心，應該親暱的開玩笑，並直呼綽號及小名。

【應保持適度距離，不可過分親暱或隨便開玩笑】

（ｘ）23、美容院經營者應該凡事事必躬親，方可瞭解業務推動的情況，並掌握公司一切動態。

【應該善用組織及分工的原理】

（○）24、量入為出的經營法是編制預算的最好方法。

（○）25、經營企業必須有事業計算，也要有控制收支損益的預算。

（○）26、美容院財政穩定要靠設計完整的分析統計表。

（○）27、營業日報表是記載每天的營業收入及支出，和前日結存至今日的累積。

（○）28、業績日報表又稱日績表。

（○）29、月績表可分「個人月績表」與「營業月績表」。

（○）30、營業月績表可瞭解月份每天單項的客數及整個月份的總營業額。

（○）31、個人月績表可瞭解個人當月服務人數，業績的好壞。

（○）32、營業費用可包括變動費用、人事費用、固定費用。

（○）33、美容院的自我診斷可依：地理環境、店舖方面、生產性及業務方面查核。

（○）34、美容院不賺錢的原因包括：營業額減少及營業費用增加。

（○）35、經營管理的外在因素包括：公司、顧客、競爭者。

（○）36、經營美容院內在因素要注意管理與行銷。

（○）39、經營管理即是指以追求利潤為目的的事業或管理者。

（○）40、經營的五大要素：人力、資本、技術、市場、管理。

（○）41、獨資企業的優點：(1)籌設容易，解散方便；(2)課稅簡易；(3)提供較佳的服務和信用；(4)當機立斷，易守機密。

（○）42、美髮行業要躋身競爭激烈的時代，開店之前要先研究銷售技巧，方是成功之道。

（○）43、傳統的銷售較注重產品品質和服務的周到，已是落伍，現代的經營要瞭解市場的需要，著重銷售能力，才是致

勝的關鍵。

（○）44、如果要有效的經營，首先必須懂得如何運用時間，安排每日工作流程，並審慎的計畫與管理。

（○）45、溝通之道，在於讓對方接受你的觀點，要達到此目的，最有效的方法是讓對方感覺自己被重視。

（○）46、顧客導向的行銷觀念已是過去式了，現代的行銷是瞭解顧客的需要，針對顧客的需要給予專業的推薦。

（○）47、進出電梯時，接待者的順序應是接待者先，客人後。

（○）48、接打電話時，應先掛電話的是接電話者。

（×）49、職業道德的特性不包括服務的信心和進取的精神。
【都應包括】

（×）50、以高價再打折的促銷方式招來顧客，增加收入，值得鼓勵。
【應以誠實手法】

（×）51、美髮從業人員與顧客談話，不談論是非，對於顧客之抱怨也應置之不理，以免糾紛。
【要適當處理】

（×）52、電話禮儀，當顧客說：「再見」後，即可將電話掛斷，不必等顧客先掛斷電話。
【應等顧客先掛電話】

（×）53、美髮從業人員，不但要有一流的技術，還要會裝腔作勢。
【要以親切誠實的心對待顧客】

（○）54、美髮業屬於衛生的服務業。

（○）55、遇有訪客需引導時，接待者與訪客在行進時應接待者在前，訪客在後。

（○）56、商品如果是客人購買要送禮的，應先撕下價目標籤後再包裝。

（○）57、經營者在領導上應避免宜直接批評員工，要重視員工的情緒反應，適時予以激勵，才能有效的管理。

（×）58、對於挑剔、貪小便宜的客人，應該直接的指責，方能幫
助對方改正不良的習慣。

【服務是以顧客至上，不應直接指責】

（×）59、服務客戶時，應多探尋其隱私，可以增進彼此的親近，
是把握顧客的基本方法之一。

【應多談有益的事物，不應探人隱私。】

（×）60、經營者為了保有個人風格，儘量不要讓員工參加各種在
職訓練社團，以免被影響。

【應鼓勵多參加，以提昇素質】

（×）61、顧客的抱怨與不滿應迅速處理，並且只求息事寧人就
好，免得增加無謂的困擾。

【不能只息事寧人，應該瞭解癥結】

（×）62、美髮師最重要的是專業技術與服務品質，外在與儀態不
可太講究。　　　　　【外在與儀態應重視並講究】

（○）63、所謂銷售，亦即行銷的意思，是經營者不可缺乏的專業
知識。

（○）64、管理是由規劃、組織、領導、用人所組成的活動。

（○）65、經營管理是指管理者藉著規劃、組織、用人、領導、控
制等管理，利用企業內的資源，達成企業目的。

（○）66、行政三聯制：計畫、執行、考核。

（○）67、用人功能包括：甄選、訓練、任用、升遷。

（○）68、領導功能有：「雙向溝通」及「激勵員工」。

（×）69、美容院的競爭店是以該條街為範圍加以查核。

（○）70、員工是美容院最重要的資產與原動力。

（○）71、員工管理原則：使人盡其才，使事得其人，制度合理的
完善規章。

（○）72、員工有接受在職教育的權利與義務。

（○）73、員工辭職應於15日前提交辭呈。

（○）74、員工有違規、曠職嚴重者，公司可主動辭退違規者。

（○）75、防止員工流失的方法：適才適用、健全組織、增加員工的成就感、適當的加薪、採民主領導方式。

（○）76、試用期間其服務年資併入計算。

（○）77、升級考試時間以三個月一次為宜。

（○）78、美容院首重氣氛、技術及服務。

（○）79、待客服務對增加固定顧客影響很大。

（╳）80、在目前競爭環境之下美容院的設立在商業區才適合，其它則較不適宜。　　　　　　　【社區住宅區都可發展】

（╳）81、員工考核只對學員、助手、師傅不列入。　【都應列入】

（○）82、含有醫療或毒劑藥品化妝品及化妝品色素輸入許可證，其有效其間為五年；期滿仍需繼續輸入者，應事先報請原核發機關延長之，但每次延長不得超過四年。

（○）83、含有維生素A之面霜，包裝上應有保存期限及保存方法。

（╳）84、化妝品中可使用水銀使皮膚白皙。
　　　　　　　　【化妝品含水銀會傷害皮膚，引起中毒】

（╳）85、化妝品之包裝上應有貨物完稅憑證，方為合法產品。
　　　　　　【並需有中文標示、廠名地址、許可字號等……】

（○）86、化妝品的皮膚試驗是先以少量化妝品塗於手肘內側或耳後，24至48小時後沒有不良反應，表示可以安心使用。

（╳）87、化妝品販賣業者可隨時更改化妝品標籤、名單及包裝。
　　　　　　　　　　　　　　　　　　　【不可更改】

（╳）88、施於人體、口腔之衛生清潔日用品可視同化妝品。

【為日常用品】

（○）89、化妝品衛生管理條例所稱標籤或仿單係指化妝品之容器
或包裝是用以記載文字、圖畫或記號之標示物。

（○）90、含荷爾蒙成份之化妝品，應列入含藥化妝品管理。

（○）91、燙髮應使用載有衛生機關核准之許可字號或備案字號之
洗髮精用品為顧客做洗髮之用。

（×）92、眉筆在化妝品種類表中，係歸屬覆敷用化妝品類。

【一般化粧品】

（×）93、製造化妝品色素不必經申請核准手續。　【要申請登記】

（○）94、眉筆是屬於粉劑。

（×）95、美髮用品若可自行調製，不必申請工廠登記。

【要申請】

（○）96、製造含有醫療或劇毒之化妝品，須已經核准發給許可證
後，使得出售。

（○）97、廠商無故拒絕衛生主管機關之抽查，處新台幣七萬元以
下罰款。

（×）98、目前，食用色素可用的共有2種。　　　　【7種】

（○）99、從工廠製造產品，一批一批的產生，而每一批皆需有一
個批號，稱之批號。

（×）100、洗髮精是屬於日常用品。　　　　　　【一般化妝品】

二、選擇題

（❸）1、遞交名片時，是由❶輩份高❷職位高❸職位低❹年長者
先遞出。

（❹）2、辭職書的意義❶可以建立預警的制度❷可以向離職員工

家長交代❸瞭解員工離職原因❹以上皆是。

（❷）3、請假與召集臨時會議是❶會計❷人事組長❸總務組長❹
以上皆非　之職務。

（❶）4、通常美容院所指的無商品是指❶服務❷技術❸美髮用品
❹美容用品。

（❶）5、新進人員級數的鑑定是由❶人事組長❷衛生組長❸活動
組長❹技術組長　負責。

（❶）6、獨資企業的優點❶籌設容易❷不易擴充❸負無限清償責
任❹缺乏專業分工。

（❹）7、經營管理即是指以追求❶權威❷成就感❸虛榮心❹利潤
為目的事業或管理者。

（❸）8、以往的經營特質，員工與顧客均處於❶支配❷主動❸從
屬❹吃虧地位。

（❷）9、經營美容院因素要注意❶管理與技術❷管理與行銷❸行
銷與資本❹資本與技術。

（❶）10、可做為結帳與業績依據的是❶報價單❷保證書❸辭職書
❹升級書。

（❶）11、現代商業經營應由❶小型→中型→大型❷大型→中型→
小型❸中型→大型→小型❹中型→小型→大型。

（❹）12、連鎖店制度是經營規模大型化的擴大❶所有權法❷度法
❸規模法❹經營法。

（❹）13、雙向溝通是指❶用人功能❷行政功能❸控制功能❹領導
功能。

（❶）14、升遷與任用是屬於❶用人功能❷領導功能❸行政功能❹
控制功能。

（❶）15、兩合公司是由❶一人❷二人❸三人❹四人或以上　之無
限責任股東所組成。

（❷）16、無限公司是由❶一人❷二人❸三人❹四人　以上股東所
　　　　組成。

（❸）17、有限公司是由❶三人❷四人❸五人❹六人　以上之股東
　　　　所組成。

（❸）18、股份有限公司為❶五人❷六人❸七人❹八人　以上股東
　　　　所組成。

（❸）19、公司員工有接受在職教育的❶義務❷權利❸權利與義務
　　　　❹以上均非。

（❶）20、❶員工❷顧客❸會計❹老闆　是美容院生產原動力。

（❷）21、理燙髮美容從業人員至少應年滿❶13歲❷15歲❸17歲❹
　　　　無限制。

（❷）22、美容師具有正確的姿態，有助於防止❶皮膚變色❷身體
　　　　疲勞❸頭皮屑❹肌肉協調。

（❹）23、愉快個性的特質是具有良好的❶經濟背景❷儀表❸大的
　　　　聲音❹幽默感。

（❷）24、個人最重要的資產之一是❶財富❷吸引人的個性❸衣服
　　　　❹傲慢。

（❷）25、良好的職業道德的重要特質之一為❶暴躁❷敬業❸傲慢
　　　　❹饒舌。

（❹）26、顧客將會尊敬及忠於具有下列何種特質的美容師❶傲慢
　　　　❷無學識❸愛理不理的態度❹有禮貌的。

（❶）27、休息及鬆弛可以防止❶精神疲勞❷不良的飲食習慣❸不
　　　　良的口腔衛生❹身體的異味。

（❹）28、影響個人衛生之重要因素為❶個人情緒❷效率❸道德行
　　　　為❹整潔。

（❹）29、下列何者的表現有助於個人的成功❶垂頭喪氣❷自以為

精力充沛的樣子❸忙碌的樣子❹愉快的個性。

（❶）30、腋臭防止劑在化妝品種類表中，歸屬❶香水類❷面霜乳液類❸化妝水類❹覆敷用化妝品類。

（❷）31、下列屬於一般化妝品的為❶防曬劑❷含維他命E之眼影❸漱口水❹防止黑斑之面霜。

（❸）32、違反衛生法規者❶輕者勒令停業3至7天❷重者勒令歇業並吊銷營利事業登記證❸以上皆對。

（❷）33、化妝品之製造，內含不合標準之色素者❶可販賣❷不得輸入與販賣❸可輸入。

（❶）34、製造化妝品含有醫療或劇毒藥品者❶請藥劑師駐廠監督❷自行製造❸託工人製造。

（❸）35、營業衛生管理之中央處理機關為❶省（市）政府衛生處❷行政院環保署❸行政院衛生署❹內政部警政署。

（❶）36、美髮水、美髮霜、髮油、髮蠟等係❶一般化妝品❷含藥化妝品。

（❷）37、化妝品體積過小，無法在容器上或包裝盒上依法詳細標示應載項目時，應記載於❶標籤❷仿單❸商標❹不必記載。

（❷）38、防曬劑係屬❶藥品❷含藥化妝品❸一般化妝品❹日用品。

（❶）39、化妝品的仿單係指化妝品的❶說明書❷容器❸包裝盒❹標籤。

（❶）40、何項含藥化妝品廣告是違法的？❶治濕疹❷預防面皰❸滋潤皮膚❹潔白皮膚。

（❹）41、髮油、髮蠟的包裝可以無❶廠名❷廠址❸成份❹備查字號。

（**4**）42、防曬劑的包裝可以無❶許可字號❷廠名❸廠址❹規格。

（**1**）43、經公告免予申請備查之一般化妝，其包裝可無須標示❶備查字號❷廠名❸廠址❹成份。

（**1**）44、經公告免予申請備查之頭髮用化妝品為❶髮油❷養髮液❸染髮劑❹燙髮劑。

（**1**）45、輸入之化妝品出售應以原裝出售為限，違者處❶十萬元❷二十萬元❸五萬元❹一萬元　以下罰款。

（**3**）46、業者將化妝品之標籤仿單、包裝容器改變出售罰❶二萬元❷五萬元❸十萬元❹二十萬元　以下罰款。

（**2**）47、美容院私自調製化妝品係違反化妝品衛生管理條例第十五條，處❶半❷一❸二❹五　年以下有期徒刑。

（**2**）48、化妝品經使用後，有損害人體健康者應禁止製造輸入，違者處❶半❷一❸二❹五　年以下有期徒刑。

（**3**）49、美容補習班利用學生上課時間試製化妝品，以違反化妝品管理條例第❶九條❷十條❸十五條❹十八條　論。

（**2**）50、標示〔衛署妝輸字第○○○號〕之產品，係屬❶含藥化妝品❷進品含藥化妝品❸一般化妝品❹藥品。

（**1**）51、　標示〔衛署妝製字第○○○號〕之產品，係屬❶國產含藥品❷進口含藥化妝品❸一般化妝品❹以上皆非。

（**2**）52、化妝品業主受吊銷營利事業記證，經多久不得再申請營業？❶半年❷一年❸一年半❹二年。

（**1**）53、製造化妝品，使用法定化妝品色素外，其他色素，需經下列何種機關核准，方得使用？❶中央衛生主管機關❷省市衛生局❸縣市政府❹警察局。

（**4**）54、含有醫療及化妝品色素之製造許可證，其有效期間為❶二年❷三年❸四年❹五年。

（❶）55、輸入化妝品應以原裝為限，未經下列何種機關核准，不得在國內分裝出售？❶中央衛生主管機關❷省市政府衛生局❸縣市政府❹警察局。

（❶）56、在化妝品衛生管理條例中，所稱之「仿單」，係指化妝品附加之❶說明書❷標籤❸品名❹包裝。

（❹）57、合法進口染髮劑應有許可字號❶衛署妝製❷一般化妝品❸省衛妝❹衛署妝輸字第○○○號。

（❷）58、含藥化妝品應聘請何者駐廠監製？❶化學專家❷藥劑師❸化妝師❹物理專家。

（❹）59、含藥化妝品之製造許可證有效期間為❶二年❷三年❸四年❹五年。

（❹）60、含藥化妝品的申請輸入許可證有效期間為❶二年❷三年❸四年❹五年。

（❸）61、含藥化妝品之製造許可證期滿，申請延長以不超過幾年為限？❶二年❷三年❸四年❹五年。

（❷）62、化妝品廠商要登載或宣傳廣告時應向哪個衛生主管機關提出申請？❶中央❷省❸縣市❹鄉鎮。

（❷）63、化妝品的輸入或製造業者，無故拒絕抽查或檢查可處❶一萬❷七萬❸十萬❹十五萬元　以下罰款。

（❸）64、化妝品的宣傳廣告違法可罰鍰多少錢？❶一萬❷三萬❸五萬❹十萬　以下罰款。

（❸）65、化妝品的宣傳廣告違法情節重大或再次違反者則處❶罰一萬元❷罰八千元❸撤銷其許可證❹以上皆非。

（❷）66、違反化妝品管理條例之罰鍰經通知逾期不繳者，應❶加重罰鍰❷移送法院強制執行❸收押❹以上皆非。

（❷）67、化妝品衛生管理係由行政院衛生署納入❶醫政❷藥政❸

防疫❹保健 管理業務的一環。

（❸）68、依化妝品衛生管理條例規定，化妝品包裝必須刊載❶商標❷規格❸成份❹售價。

（❸）69、申請輸入化妝品的許可證期滿，每次申請延長的時間為❶二年❷三年❸四年❹五年。

（❶）70、含藥化妝品之製造應向何處提出申請？❶衛生署❷省衛生處❸縣市衛生局❹鄉鎮衛生局。

（❸）71、製造化妝品需向哪個單位申請登記？❶中央工業主管機關❷中央主管機關❸中央工業及衛生之主管機關❹行政院。

（❶）72、販賣損害人體健康的產品處一年以下有期徒刑，拘役或科新台幣❶十五萬❷十萬❸五萬❹三萬 元以下罰金。

（❷）73、化妝品色素使用黏膜可分為幾類❶一❷二❸三。

公共衛生與安全措施

一、是非題

（○）1、消毒就是殺滅致病微生物之繁衍型或活動型，但不一定能消滅抗拒惡劣環境的芽細胞。

（○）2、以化學物品消毒時，只要消毒水合於規定，即可達到完全消毒的目的。

（×）3、稀釋化學消毒劑時倒出多餘原液，為避免浪費應倒回藥瓶內。　　　　　　　　　　　　【不可倒回瓶內以免污染】

（○）4、消毒箱之選購應注意是否達到消毒之效果。

（○）5、煮沸消毒所需時間自美髮器具放入煮鍋中100°C沸騰開水，起算為5分鐘以上即可。

（×）6、紫外線消毒箱使用後，可供為各類物品消毒後置儲藏櫃。　　　　　　　　　　　　　【只可放置適合消毒品】

（×）7、將洗淨之毛巾置於水中5分鐘以上，即可完全消毒，此為簡易消毒法。　　　　　　　　　【要用煮沸消毒法】

（○）8、滅菌不完全的毛巾對於眼睛的衛生危險性很大。

（○）9、消毒時間越長越安全。

（○）10、（理燙髮）美容院所使用的機具在每位顧客使用後清潔，並有效的消毒，可防止傳染病。

（×）11、日光中含有紅外線亦具殺菌效果。　　　　　　【紫外線】

（○）12、燙髮用之器具應隨時擦拭乾淨，並以酒精消毒後儲存於消毒箱內。

（○）13、存放髮品用劑及化學物品時，要放在兒童拿不到的地方。

（○）14、理燙髮工具消毒使用甲醛液濃度應為10%。

（×）15、泡疹之預防，避免與患者性接觸即可，與美髮理容器具有無消毒無關。　　　　　　　　　　　　　【有關】

（○）16、陽性肥皂液具有與肥皂相抗的特性，而減低殺菌效果。

（○）17、漂白水切勿與鹽酸混用，以免發生危險。

（○）18、使用未經消毒的器械，為顧客刮臉、紋眉可能感染愛滋病、B型肝炎、C型肝炎及其他疾病。

（×）19、酒精與病原體接觸時，在其有效的殺菌濃度，會使蛋白質溶解。　　　　　　　　　　【會使蛋白質凝固】

（×）20、理髮、美髮或美容器械只要依規定的方法消毒，不論是化學或物理方法，均可有效殺滅其上的病原體如愛滋病等。　　　　　　　　　　　【無法殺滅愛滋病】

（×）21、處理嚴重青春痘皮膚時，應先清潔、消毒雙手，再去按摩皮膚以促進血液循環，加速傷口癒合。

　　　　　　　【青春痘皮膚，不可以手按摩以免惡化】

（○）22、煮沸消毒法是運用水中加熱的原理將病原體的蛋白質凝固，致病原體的新陳代謝受到破壞，而達到消毒的目的。

（○）23、理想的化學消毒劑除可殺死病原體的繁殖外，尚可殺死細菌之芽細胞、病毒，尤其是肝炎病毒。

（○）24、以較少的金錢，做好殺除附在各種用具、器械及營業環境上的細菌，即可不必花費大龐大的時間、金錢、設備去消滅附著其上的所有微生物。

（○）25、消毒是以物理或化學方法殺死或破壞病原體，防止細菌

傳染。

（○）26、殺菌是使菌體的成份變化而使細菌失去生理機能。

（○）27、紫外線消毒法是運用其所釋出的高能量光線，引起病原體的DNA變化，使其不得繁殖生長。

（○）28、陽性肥皂液消毒法，是運用與病原體接觸後蛋白質被溶解致死亡，使其發揮殺菌作用。

（×）29、PPM為顆粒的單位，UP為濃度的單位。

　　　　　　　　　　【UP為顆粒單位、PPM為濃度單位】

（○）30、急救箱應放置一定場所，取用方便時應避免兒童取玩。

（×）31、處理傷口時使用普通棉花即可。

　　　　　　　　　　　　　　【要使用消毒過的紗布】

（×）32、止血帶之止血法是最適宜的止血法，可用於全身任一部位。　　　　　　　**【用於四肢動脈出血時】**

（×）33、中風患者兩眼瞳孔放大；而休克患者，則兩眼瞳孔大小不一。

　　　　【中風患者兩眼瞳孔不一，休克患者兩眼瞳孔放大】

（○）34、對於因病或受傷而倒地的病人，第一要做的是確定有無意識。

（×）35、急救箱之藥水沉澱變質時，仍可繼續使用，丟掉可惜。

　　　　　　　　　　　　　　　　【不可繼續使用】

（○）36、各種消毒藥品必須以與美容、美髮用品分開妥為存放，同時標明品名、用途及中毒時之急救方法。

（○）37、食物中含有毒劑侵入生物體，並危害生理及心理之功能，稱為食物中毒。

（×）38、當四肢動脈大出血時，最快速的做法就是用直接加壓止血法，才能達到止血的目的。　　**【止血點止血法】**

（×）39、對於鼻出血的患者，最好的處理方式就是讓患者安靜坐下，並讓其身體上身後仰。　　　　【上身前傾】

（○）40、進行人工呼吸、人工胸外按壓時，應每隔4至5分鐘，做胸外按壓15次、人工呼吸2次。

（○）41、病原體在室溫20°C至28°C下最適宜生長。

（○）42、肺結核之預防，新生兒出生滿24小時，幼兒經結核菌素測驗呈陰性者，可預防接種卡介苗。

（○）43、傳染性皮膚病傳染途徑是皮膚病菌污染器具後接觸皮膚而傳染，或是直接經由患者皮膚接觸而傳染。

（×）44、重複感染不同型的登革熱，不會發展為出血性登革熱。　　　　【會】

（○）45、由於愛滋病尚無疫苗和根治的藥物，死亡率又高，因此人人要注意預防。

（×）46、傷風的傳染與進出公共場所無關。　　　　【有關】

（○）47、從皮膚侵入的主要細菌為葡萄球菌、溶血性鏈球菌、破傷風菌、白癬菌。

（×）48、感冒和流行性感冒是同一種疾病。　　　　【不同】

（○）49、與陌生的性伴侶發生性行為，只要帶保險套就可確保不被感染愛滋病。

（×）50、愛滋病不會由帶原者之性伴侶傳染。　　　　【會】

（×）51、病人在咳嗽、打噴嚏、唱歌或談話時，從口鼻噴出的口水泡沫叫「病媒」，若病媒帶有病原體，則健康的人會經由呼吸吸入體內而被傳染。　　　　【叫病原性細菌】

（○）52、改善環境不僅可以防止疾病與傳染，且可以保持人們之健康。

（○）53、咬人的狗有感染狂犬病時，傷者應接受狂犬病疫苗治

療。

（×）54、雞鴨等屍體可隨意拋棄。　　　　　【不可隨意拋棄】

（○）55、刮鬍用杯刷每日應洗淨。

（○）56、公用毛巾如洗滌消毒不完全很容易傳染疾病。

（○）57、小兒麻痺也會因公共場所空氣而傳染。

（○）58、凡由病原體引起的疾病，經由傳染途徑傳染給別人，稱
　　　　為傳染病。

（○）59、口紅不宜與人共用，以免感染細菌。

（○）60、預防愛滋病不要與別人共用可能被血液污染的用具，例
　　　　如：剃刀、刮鬍刀、任何尖銳器械、穿刺工具。

（○）61、水、器械、空氣、食物、昆蟲等都是傳染媒介。

（○）62、傷寒的預防方法為：徹底改善環境衛生、消滅病媒、加
　　　　強食品衛生及牛乳消毒、注意個人衛生及洗手。

（○）63、C型肝炎大部分病例發生於輸血、受傷或使用不潔針
　　　　筒、針頭。

（×）64、由胸部X光檢查及驗痰，不能知道有無罹患肺結核。

　　　　　　　　　　　　　　　　　　　【可以知道】

（○）65、家禽、家畜在道路上或公共場所便溺時，其所有人應立
　　　　即自行清除。

（○）66、間接接觸傳染係指不潔或未經妥善消毒的器具如毛巾、
　　　　剃刀、粉刷等，與客戶皮膚接觸，可導致病原體其皮膚
　　　　傷口感染。

（○）67、病原體進入人體後，雖未發病但仍存在，並可傳染給別
　　　　人使其生病，此為帶原者。

（○）68、傷寒、霍亂、痢疾等傳染病，係由於製造或販賣食品工
　　　　作人員染有疾病或帶有病原菌，污染食物、水而傳染。

（○）69、傳染病就是指疾病由媒介傳染給另一個人。

（○）70、皮膚的化膿病其病原體有：葡萄球菌或鏈球菌等。

（×）71、白喉之傳染源為患者或帶原者的排泄物。

【感染原為患者的口鼻分泌物或飛沫】

（○）72、B型肝炎可由輸血、外傷或共用針筒、針頭傳染。

（○）73、砂眼披衣菌可引起非淋菌性尿道炎。

（○）74、屬於國際傳染病的是指霍亂、鼠疫、黃熱病。

（○）75、使用化學藥品時，應將標籤朝上，以免損壞標示。

（×）76、傷寒及傳染性感冒，是由細菌所引起。

【傷寒是由傷寒桿菌引起，感冒是由流行感冒病毒引起】

（×）77、八字形包紮法，適用於肢體粗細相等的部位。

【環狀包紮法】

（○）78、門上的門把、椅子、桌子等最常接觸的地方，應常用消毒水擦拭。

（×）79、美髮從業人員的二眼視力矯正後，應在0.8以上。**【0.4】**

（○）80、成人心肺復甦術中的胸外按壓的壓迫中心為胸骨下端1/3處。

（○）81、淋病會造成新生兒出生時導致失明。

（○）82、B型肝炎、德國麻疹，會由母體傳染給新生兒。

（×）83、蒸氣消毒箱，需達到100℃以上，且需消毒10分鐘以上。**【80℃】**

（○）84、從業人員健康檢查是保護自己，同時也是保護顧客。

（○）85、石碳酸水為毒性之強力殺菌劑。

（×）86、蒸氣消毒法是一種最安全最可靠的有效方法，例如，可殺除愛滋病。**【不可殺除】**

（×）87、調好的消毒水，放一個禮拜再使用才方便。

【要馬上使用】

（○）88、急救是當創傷或疾病突然發生時，在醫師尚未到達或未將患者送醫前對意外受傷或患者，所做的一種短暫而有效的處理。

（○）89、心肺復甦術是胸外按壓15次，口對口人工呼吸2次並每1分鐘檢查一次脈搏。

（○）90、消毒的目的在於預防疾病傳染、除可保障顧客健康外，並可維護從業人員的健康。

（×）91、碘酒比優碘好，所以可以使用口、鼻、眼睛。

【不可用於口、鼻眼睛】

（○）92、毛巾洗淨後再用正確的消毒方式，可消滅病原體。

（○）93、細菌是由分裂生殖而繁衍的。

（○）94、剪刀、刷子、門把、桌椅、吹風機等都是感染源，因這些都與美髮師接觸最頻繁。

（×）95、因接觸到感染物再碰觸到身體其除部位稱直接傳染。

【間接傳染】

（○）96、漂白水使用前必須先用清潔劑清洗表面再沖洗後才可使用。

（○）97、石碳酸的殺菌效果驚人，甚至連結核菌或其它抗藥病菌都可消滅，如流行性感冒病毒、泡疹病毒與愛滋病病毒。

（○）98、酒精具有消滅細核菌，但消毒效果不佳。

（○）99、漂白劑是絕佳的消毒劑。

（×）100、殺菌劑和消毒劑最理想酸鹼值介於5至8之間。

【2.6至3.2】

（×）101、為求方便髮夾可含在口中，再插入髮內。

【髮夾有細菌】

（○）102、產品每次用完務必密封。

（○）103、手足口症是球狀病毒或腸病毒的感染症。

（○）104、滅火器在0°C以上、40°C以下溫度範圍使用時，應能有效地發揮其滅火及噴射之機能。

（○）105、滅火器噴射二氧化碳時，將噴嘴左右慢慢移動，先從近處之四周噴放後，逐漸向前移。

（○）106、滅火器每三個月檢查一次，若二氧化碳重量減少百分之三十時，應即重新灌充。

（○）107、A類火災，指木材、紙張、纖維、塑膠、橡膠等之可燃性固體引之火災。

（○）108、B類火災，指石油類、有機溶劑、油脂類等之可燃性液體，可燃性固體及液化石油氣、天然氣、乙炔氣等可燃性氣體引起之火災。

（○）109、C類火災，指電器配線、馬達、引擎、變壓器、配電盤等通電中之電氣機械器具及電氣設備引起之火災。

（○）110、D類火災，指鈉、鉀、鎂、鋰及鋯等可燃性金屬物質及禁水物質引起之火災。

（○）111、滅火藥劑，第一種乾粉：以碳酸氫鈉為主要成份，顏色呈白色或淡藍色。

（○）112、滅火藥劑，第二種乾粉：以碳酸氫鉀為主要成份，顏色呈紫色。

（○）113、滅火藥劑，第三種乾粉：以磷酸二氫氨為主要成份，顏色呈粉紅色。

（○）114、滅火藥劑，第四種乾粉：以碳酸氫鉀與尿素之化學反應物為主要的顏色呈褐色。

（○）115、為了節約能源，營業場所的冷氣應維持循環運轉，保持適當溫度。

（○）116、騎樓、人行道修理或洗車輛而污染地面時會受到處罰。

（○）117、剪下之頭髮應隨時清掃置入有蓋之容器內。

（×）118、營業場所養小狗可以增加朝氣。

【不可養小狗，以免影響衛生】

（○）119、工作場所，必須光線充足，通風良好，且須符合衛生標準。

（×）120、土地或建築物範圍之一般廢棄物應由清潔隊消除。

【應請環保人員處理】

（○）121、營業場所之光度應在200米燭光以上。

（×）122、營業場所可以隔間。　【不可隔間，以免發生危險】

（×）123、為了方便操作，應將熱水器裝設在沖水台旁。

【熱水器應設在室外】

（○）124、室內如聞有瓦斯氣味時，應先立即關緊瓦斯開關並小心打開窗戶，絕不啓動任何電器開關，也不可點火，以免引起爆炸。

（○）125、滅火時應將滅火器噴向火苗根部才能快速滅火。

（○）126、吹風機或一般電器機具之電源插頭正、負兩極互換時仍可使用。

（○）127、建築物拆除後所遺留之廢棄物應由拆除人員自行拆除。

（×）128、標語可以隨意在牆上或電線桿上張貼。

【不可任意張貼】

（○）129、使用工具必須知道其器材的材質及保養。

（○）130、為了防止停電而發生危險，工作場所應裝設停電自動
　　　　照明設備。

（✗）131、在樹木上刻畫不會被處罰。　　　　　　　　　【會】

（○）132、電器火災應以乾粉或四氯化碳滅火。

（○）133、室內與室外溫度不要相差攝氏10度以上，相對濕度保
　　　　持60%至80%之間。

（○）134、營業場所四周兩公尺以內要每日打掃乾淨。

二、選擇題

（❹）1、物理消毒法係指運用物理學的原理達到消毒的目的，以
　　　下何者為非？❶光和熱❷輻射線❸超音波❹化學變化。

（❸）2、紫外線消毒法之紫外線消毒箱內之燈管須採用功率❶20
　　　❷15❸10❹5　瓦特。

（❶）3、使用陽性肥皂液浸泡消毒時，需添加多少濃度亞硝酸鈉？
　　　❶0.5%❷0.3%❸0.2%❹0.1%　可防止金屬製品受腐蝕
　　　而生銹。

（❷）4、酒精的有效殺菌濃度，對病原體殺菌機轉為❶氧化作用
　　　❷蛋白質凝固作用❸還原作用❹蛋白質溶解作用。

（❸）5、細菌之基本構造，在菌體最外層為❶細胞膜❷細胞質❸
　　　細胞壁❹DNA。

（❶）6、氯液消毒法是運用氯的何種功能❶氧化作用❷蛋白質凝
　　　固作用❸蛋白質變化作用❹蛋白質溶解作用　致病原體
　　　死亡。

（❶）7、加熱會使病原體內蛋白質❶凝固作用❷氧化作用❸溶解
　　　作用❹原作用　破壞其新陳代謝。

（❹）8、下列哪一種消毒法是屬於化學消毒法？❶蒸氣消毒法❷紫外線消毒法❸煮沸消毒法❹陽性肥皂液消毒法。

（❶）9、日光之所以有殺菌力，是因為其中含有波長在❶300至400❷300至200❸200至100❹100至50　nm的紫外線。

（❸）10、殺菌與滅菌之意義是❶一樣❷不一樣❸部分相同。

（❸）11、殺死或破壞能造成傳染病的病原微生物之生活力為❶防腐❷殺菌❸消毒。

（❶）12、依據台灣衛生管理規則規定，理燙髮工具，每次使用後應擦乾洗淨，並浸入❶75％酒精或2％升汞液或10％甲醛液❷75％酒精或10％升汞液或甲醛液❸10％酒精或2％升汞液或75％甲醛液

（❶）13、日光消毒法最適用於❶毛巾類❷美髮桌椅❸剪刀❹髮梳。

（❸）14、塑膠髮筒最適宜的消毒法是❶紫外線消毒法❷煮沸法❸氯液消毒法❹蒸氣消毒法。

（❶）15、照射紅外線時為什麼要替顧客戴眼罩？❶防止強烈的光線直接照射❷燈的顏色關係❸習慣問題❹防熱問題。

（❷）16、地下水用氯液或漂白粉消毒，效餘氯量應維持百萬分之❶0.02至0.15❷0.2至1.5❸2至15❹20至150　PPM。

（❹）17、洗手方法以下列哪種最好？❶用臉盆洗手❷用水沖洗❸用手搓洗❹使用清潔劑再用水沖洗。

（❸）18、雙手最容易帶菌，從業人員要經常洗手，尤其是❶工作前，大小便後❷工作前，大小便前❸工作前後，大小便後❹工作後，大小便後。

（❷）19、紫外線消毒法是❶運用加熱原理❷釋出高能量的光線❸陽離子活性劑❹氧化原理　使病菌體內的DNA產生變

化，使病原體不生長。

（❹）20、影響病原體生長的物理條件，下列何者是錯誤的？❶溫、溼度❷酸鹼度、滲透壓❸氧氣、光線❹蛋白質、脂肪。

（❸）21、福馬林消毒水普通是加水❶20倍❷30倍❸35倍❹40倍。

（❶）22、普通石岩酸之消毒之濃度為❶3％❷5％❸10％❹20％。

（❶）23、金屬製品的剪刀、剃刀、剪髮機等切忌浸泡於❶氯液❷熱水❸酒精❹複方煤餾油酚　中，以免刀鋒變鈍。

（❶）24、理燙髮用具應❶用完即消毒❷二天消毒❸三天消毒❹不必消毒。

（❷）25、毛巾最好用什麼方法消毒？❶紫外線消毒法❷蒸氣消毒法❸氯液消毒法❹酒精消毒法。

（❷）26、用沖洗的方法洗手，約有❶36％❷12％❸6％❹0％至1％　的細菌仍在手上。

（❶）27、用水盆洗手時，約有❶36％❷12％❸6％❹0％至1％的細菌仍在手上。

（❹）28、用沖洗，擦肥皂摩擦之後，再沖洗約❶36％❷12％❸6％❹0％至1％　的細菌仍在手上。

（❸）29、為使手部維持清潔，不帶有病原體，最適當的方法是❶沐浴習慣❷泡消毒水❸洗手習慣❹帶手套。

（❶）30、飲用井水者，應裝設自動消毒設備，經常保持水質餘氯量❶0.2至1.5PPM❷2至5PPM❸50PPM❹200PPM。

（❹）31、欲泡製濃度75％酒精量150c.c.，需要用蒸餾水多少c.c.？❶118c.c.❷79c.c.❸71c.c.❹32c.c.。

（❶）32、欲泡製濃度75％酒精量150c.c.，需要用95％酒精多少c.c.？❶118c.c.❷79c.c.❸71c.c.❹32c.c.。

（❶）33、欲泡製0.5%苯基氯卡銨液量50c.c.，需要蒸餾水幾c.c.？
❶47.5c.c.❷44c.c.❸6c.c.❹2.5c.c.。

（❸）34、欲泡製0.5%苯基氯卡銨液量100c.c.，需要10%苯基氯
卡銨幾c.c.？❶10c.c.❷7.5c.c.❸5c.c.❹2.5c.c.。

（❸）35、泡製3%甲苯酚量150c.c.，需要25%甲苯酚幾c.c.？❶
9c.c.❷12c.c.❸18c.c.❹24c.c.。

（❷）36、泡製3%甲苯酚量50c.c.，需要蒸餾水幾c.c.？❶118c.c.
❷132c.c.❸138c.c.❹141c.c.。

（❷）37、市售的藥用酒精，濃度為❶100%❷95%❸75%❹50
%。

（❸）38、市售陽性肥皂液安期藥水含苯基氯卡銨之濃度為❶30%
❷20%❸10%❹5%。

（❸）39、市售煤餾油酚肥皂液有兩種規格，一種是含25％甲苯
酚，另一種是❶95%❷75%❸50%❹10%。

（❷）40、馬桶使用來蘇水（Lysol）消毒的濃度為❶5%❷10%❸
15%❹20%。

（❸）41、消毒液鑑別法，煤餾油酚肥皂液在色澤上為❶無色❷淡
乳色❸淡黃褐色❹淡紅色。

（❶）42、消毒液鑑別法，藥用酒精在色澤上為❶無色❷淡乳色❸
黃色❹淡紅色。

（❷）43、消毒液鑑別法中，煤餾油酚肥皂液在味道上為❶無味❷
特異臭味❸芳香味❹無臭。

（❸）44、下列何者俗稱來蘇藥水？❶陽性肥皂液❷氯液❸煤餾油
酚肥皂液❹藥用酒精。

（❸）45、漂白水為含❶酸性❷中性❸鹼性❹強酸性　物質。

（❷）46、突發的疾病在未送入醫院或醫生到達前所施的搶救措施

叫❶開刀❷急救❸打針。

（❸）47、最可行的暫時止血法是❶壓力繃帶❷間接加壓法❸直接加壓法。

（❶）48、消炎的處理第一步是❶清潔傷口❷上紗布消毒❸包紮❹擦消毒水。

（❶）49、瓦斯消毒時❶一小時以下❷二小時以下❸七小時以下❹七小時以上。

（❸）50、大腦細胞只要一缺氧❶一分鐘❷五分鐘❸三分鐘❹十分鐘就會壞死。

（❸）51、吹風機漏電發生電擊，急救時首先要❶緊急送醫❷施行人工呼吸❸切斷電源❹用手移開患者。

（❷）52、可用來固定傷肢，包紮傷口，亦可充當止血帶者為❶膠帶❷三角巾❸棉花棒❹安全別針。

（❷）53、小腿受傷時，適用下列何種包紮法？❶八字形❷螺旋迴返形❸環狀❹人字形　包紮法。

（❷）54、下列何者適用於等粗的肢體（如手指的包紮法）？❶八字形❷環狀❸螺旋狀❹〇字形　包紮法。

（❶）55、下列何者適用於足掌、手掌部位的包紮法？❶八字形❷環狀❸螺旋狀❹〇字形　包紮法。

（❷）56、捲軸繃帶包紮時，下列何者錯誤？❶包紮部位應保持正常功能❷順血液循環方向包紮❸包紮肢體時露出肢體末端❹繃帶不要在傷處打結。

（❷）57、任何傷患的急救，首先應注意❶傷口消毒❷止血及預防休克❸安慰傷者❹包紮。

（❹）58、下列何者適用於斷肢時止血？❶直接加壓止血法❷升高止血法❸止血點止血法❹止血帶止血法。

（❷）59、若直接加壓止血法無法控制出血時，可應用下列何者止血？❶升高止血法❷止血點止血法❸止血帶止血法❹冷敷止血法。

（❷）60、挫傷或扭傷後，可用下列何種方法減少皮下出血？❶升抬高患肢❷用冰冷敷❸用熱水熱敷❹用手掌搓揉。

（❸）61、手掌大量出血，應壓迫在傷口出血來源的血管上，如❶頸動脈❷股動脈❸肱動脈❹腕動脈　來控制出血。

（❸）62、使用手止血點止血法時，不能持續幾分鐘以上？❶5分鐘❷10分鐘❸15分鐘❹20分鐘。

（❷）63、血色暗紅，緩和的流出，壓力小容易止血的是❶微血管出血❷靜脈出血❸動脈出血❹靜脈和動脈同時出血。

（❸）64、血色鮮紅，規律噴出，危險性大的出血是❶微血管出血❷靜脈出血❸動脈出血❹靜脈和動脈同時出血。

（❸）65、下列何者不適合用來當止血帶？❶領帶❷三角巾❸細繩❹長襪。

（❹）66、捲軸繃帶包紮的目的❶防止內出血❷防止皮下出血❸止痛❹固定敷料。

（❸）67、用三角巾包紮頭部時，應於何部位打平結？❶後腦部❷耳上❸前額❹頭頂。

（❶）68、無菌敷料的大小，至少應超過傷口四周幾公分？❶2.5公分❷5公分❸7公分❹9公分。

（❷）69、由於身體接觸火焰、日曬、腐蝕性化學藥品而受傷，稱❶燙傷❷灼傷❸火傷❹內傷。

（❶）70、由於身體接觸燙熱液體、蒸氣而受傷，稱❶燙傷❷灼傷❸火傷❹內傷。

（❸）71、何者是預防小兒麻痺的方法❶注射疫苗❷注意環境衛生

❸以上均是。

（❸）72、何者是預防毛囊炎的方法❶避免為患者服務❷注意手及器具之消毒❸以上均是。

（❷）73、百日咳的主要傳染途徑❶皮膚接觸❷空氣傳染❸食物不潔。

（❸）74、下列何者沒有破傷風的可能❶深內刺傷❷重度火傷❸失眠。

（❷）75、日本腦炎之傳染源❶白線斑紋❷環蚊或三斑家蚊❸埃及斑紋❹鼠蚤。

（❹）76、傷風係指❶百日咳❷肺結核❸傷寒❹感冒　之疾病。

（❶）77、狂犬病病毒存在已受感染動物的❶唾液中❷分泌物中❸嘔吐物中❹排泄物中。

（❷）78、俗稱黑死病係指❶斑疹傷寒❷鼠疫❸白喉❹犬病。

（❸）79、如何預防登革熱？何者錯誤？❶清理屋內外積水容器❷疑似患者如發燒、骨頭疼、頭痛等，應儘速送醫、隔離治療❸接種疫苗❹定期更換萬年青之花瓶之水，避免蚊子孳生。

（❶）80、性病的傳播方式為❶直接❷間接❸不會傳播。

（❷）81、流行性感冒之流行是在❶夏季❷一年四季都有❸冬季。

（❶）82、毛囊炎在理髮業中是以❶皮膚及器具❷飲用水❸毛巾為傳染途徑。

（❷）83、破傷風之傳染途徑是來自❶食物不潔❷污染性的外傷❸空氣通風不良。

（❶）84、髮癬之傳染部位為❶頭髮❷手部❸腳部。

（❹）85、下列何者是不是急性呼吸系統傳染病？❶流行性腦脊髓膜炎❷猩紅熱❸肺炎❹傷寒。

（❷）86、如何預防B型肝炎，何者為非？❶孕婦接受B型肝炎檢查❷感染B型肝炎應注射疫苗❸受血液污染的器具可能為傳染媒介❹母親為帶原者，新生兒出生後應立即接受注射B型肝炎免疫球蛋白疫苗。

（❶）87、癩病（俗稱痲瘋病）係經由❶皮膚或口鼻粘膜傳染❷空氣傳染❸昆蟲或動物傳染。

（❷）88、住戶、商店四周二公尺以內地段、不負責清潔者處罰金最高金額❶新台幣六百元❷新台幣一千二百元❸新台幣八百元❹新台幣一千六百元。

（❸）89、破傷風菌是一種❶寄生蟲❷濾過性病毒❸細菌。

（❶）90、細菌的大小比病毒❶大❷小❸一樣。

（❷）91、乾熱滅菌的溫度至少需❶50°C以上❷100°C以上❸75°C以上❹125°C以上。

（❹）92、咳嗽或打噴嚏時❶順其自然❷面對顧客❸以手遮住口鼻❹以手帕或衛生紙遮住口鼻。

（❶）93、今日推行改善環境衛生之最高宏旨乃是❶完成經濟建設❷做表面功夫❸毫無目的。

（❸）94、會引起人體生病的生物稱為❶帶原者❷帶菌者❸病原體❹病媒。

（❶）95、垃圾、糞尿、動物屍體是❶一般廢棄物❷事業廢棄物。

（❷）96、不注重公共衛生隨地吐痰、便溺及丟棄物者處最高罰金為❶新台幣三百元❷新台幣兩千四百元。

（❶）97、通常每天至少需沐浴❶一次❷二次❸三次。

（❶）98、家庭垃圾之儲存應使用❶密封有蓋的垃圾桶❷無蓋垃圾桶❸竹簍。

（❸）99、吐痰時，宜吐在❶水溝❷地面❸衛生紙。

（❶）100、夏季腦炎是指❶日本腦炎❷腦膜炎❸愛滋病❹皰疹。

（❷）101、有關理燙髮營場所衛生的敘述，下列何者錯誤？❶四周二公尺以內，經常保持乾淨❷照明度為80米燭光❸衛生設備損壞隨時修補❹安全供水、防火、通道暢通整潔。

（❹）102、肺結核病到最嚴重時之症狀為❶體重減輕❷咳嗽❸喀血❹形成肺部空洞。

（❸）103、後天免疫缺乏症候群最早發現在❶1971❷1975❸1981❹1985 年。

（❸）104、白喉預防接種❶沙賓疫苗❷沙克疫苗❸三合一混合疫苗❹卡介苗。

（❹）105、梅毒檢查是做❶X光檢查❷桿菌檢查❸病毒檢查❹血清檢查。

（❷）106、可經由性行為傳染的疾病，何者為非？❶愛滋病❷斑疹傷寒❸淋病❹梅毒。

（❷）107、工作人員若皮膚有傷口，何者為非？❶可能增加本身被傳染的危險❷仍可照常工作❸避免傷口直接接觸顧客皮膚❹傷口應消毒、包紮。

（❷）108、患有淋病之母體，其新生兒於分娩時經過產道感染未予以治療可能導致❶啞巴❷眼睛失明❸兔唇❹失聲。

（❶）109、若發現顧客有化膿性傳染皮膚病時，下列敘述何者有誤？❶可繼續服務❷拒絕服務❸事後發現應以熱水與肥皂清洗雙手❹事後發現時應徹底消毒。

（❹）110、使用不潔未經有效消毒的毛巾供顧客使用，不會傳染何種疾病？❶砂眼❷皰疹❸結膜炎❹登革熱。

（❶）111、下列何者係由黴菌所傳染之疾病？❶白癬❷麻瘋❸阿

米巴痢疾❹恙蟲病。

（❶）112、蟲病的病原體為❶蝨子❷蚊蟲❸蒼蠅❹疥蟲。

（❹）113、疥瘡的預防方法下列敘述何者錯誤？❶經常洗澡注意患者被單衣物的清洗❷避免與患者密切接觸❸避免與有疥蟲寄生之動物接觸❹注意滅蚊。

（❶）114、何謂帶菌者❶人帶有病菌而無病癥❷將死之重病者❸手上拿著裝有病菌的瓶子。

（❸）115、以下何者不是傷風預防方法❶當心受涼❷避免接觸患者❸多出入公共場所。

（❷）116、理燙髮業預防傳染性皮膚病的方法是❶注意飲水衛生❷注意理燙髮工具之消毒。

（❸）117、愛滋病的症狀，何者有誤？❶初期無明顯症狀❷部分患者可能僅出現類似感冒的全身性症狀❸發病後症狀消失即代表痊癒❹免疫力降低後，只要低毒性的微生物侵入人體內隨即可造成嚴重症狀致死。

（❶）118、香港腳是由下列何者引起？❶黴菌❷細菌❸球菌❹病毒。

（❶）119、愛滋病的傳染途徑是❶性接觸傳染❷細菌傳染❸病媒傳染❹空氣傳染。

（❶）120、E型肝炎的主要傳染途徑是❶腸道感染❷血液感染❸接觸感染❹昆蟲叮咬感染。

（❸）121、育齡婦女最需要的預防接種是❶A型肝炎疫苗❷麻疹疫苗❸德國麻疹疫苗❹腮腺炎疫苗。

（❶）122、同時得到B型肝炎和D型肝炎病毒時❶病情可能更嚴重，或造成猛爆性肝炎❷急性肝炎後自行痊癒❸肝癌❹肝硬化。

（❷）123、為顧客服務應有無菌操作觀念，何者錯誤？❶工作前應洗手❷只要顧客外表健康，可同時提供服務❸避免將其皮膚表面刮破或擠面皰❹器具應更換及消毒。

（❶）124、病起突然、發展急遽的是❶爆發型流行性感冒❷胃腸型流行性感冒❸熱症型流行性感冒。

（❶）125、天花❶必須住院隔離❷不必隔離❸以上皆可。

（❶）126、砂眼❶我國仍很流行❷已絕跡❸非常少見。

（❸）127、下列何者不是腮腺病的傳染途徑❶吸入污染空氣❷使用污染食具❸以上皆是。

（❸）128、若手接觸化膿性疔瘡傷時應❶立即洗淨雙手❷用75%酒精消毒❸以上皆是。

（❷）129、發現染患霍亂的病人❶不必管他❷隔離治療❸病情嚴重時再送醫治療❹買成藥治療即可。

（❷）130、愛滋病初期的症狀為❶淋巴腺腫大❷微熱及精神不振❸高燒❹破壞中樞神經。

（❹）131、下列何者不是愛滋病的感染媒介？❶血液❷精液❸唾液❹昆蟲。

（❹）132、由蔬菜所引起的寄生蟲病為❶肺吸蟲❷肝吸蟲❸旋毛蟲❹蟯蟲。

（❷）133、初期是尿道發炎，有灼痛感並流出膿樣分泌物之症狀為❶梅毒❷淋病❸愛滋病❹軟性下疳。

（❶）134、患部有明顯圓形輪廓、邊緣發紅，而且比周圍的健康皮膚浮腫之症狀為❶白癬❷疥癬❸香港腳。

（❹）135、下列何者不是肺結核的傳染途徑？❶空氣傳染❷經口傳染❸飛沫傳染❹外傷傳染。

（❷）136、砂眼是一種慢性傳染病，其病原體是❶雙球菌❷披衣

菌❸螺旋菌❹葡萄菌。

（❹）137、下列何者與B型肝炎的傳染無關？❶輸血❷接吻❸唾液❹空氣。

（❶）138、引起頭部白癬的病體是❶黴菌❷酵母菌❸葡萄菌❹毛癬菌。

（❷）139、在下列微生物種類中，結核桿菌是屬於？❶原生蟲❷細菌❸立克次氏體❹濾過性病毒。

（❷）140、下列何者不是由黴菌所引起的傳染病？❶白癬❷富貴手❸香港腳❹癩病。

（❸）141、蟲病依其寄生的部位可以分為❶一種❷二種❸三種❹四種。

（❷）142、化學消毒法是以❶金屬類❷塑膠類❸玻璃類❹刷子類為主。

（❷）143、門把、桌子、椅子可用❶蒸氣❷酒精❸氯液❹陽性肥皂液　消毒。

（❷）144、0.5％陽性肥皂液於1公升稀釋水中，需多少苯基氯卡胺原液❶5❷50❸500❹1,000。

（❷）145、胸外按壓法幾分鐘檢查脈博一次❶3分鐘❷5分鐘❸1分鐘❹2分鐘。

（❹）146、愛滋病除了何種方式不會傳染❶共用針筒❷捐血❸性交❹擁抱。

（❷）147、煤餾油酚遇到什麼即失去作用❶水❷肥皂❸空氣❹酒精。

（❶）148、空調不足是❶後備軍人症❷現役軍人症❸黃膽症。

（❸）149、漢他病毒是由❶蚊子❷蟑螂❸老鼠　引起。

（❹）150、下列敘述何者不正確❶使用消毒水瓶口朝上❷調時先看

清楚標籤才使用❸用完用具後用消毒水消毒❹視線與刻
度成45°。

（❶）151、下列何者不是物理性消毒法❶藥水❷蒸氣❸加熱。

（❹）152、影響病原體的生長下列何者為非❶溫度、濕度❷pH值
滲透❸氧氣❹蛋白質、脂肪。

（❶）153、蒸氣機水箱用什麼清洗❶醋❷丙酮❸甲醇❹蒸餾水。

（❹）154、強酸、強鹼急救方式是❶洗胃❷灌腸❸喝牛奶❹喝水
但勿催吐。

（❷）155、抽血檢查是檢查❶肺結核❷梅毒❸心臟病。

（❶）156、A型肝炎是由什麼傳染❶直接❷間接❸垂直❹水平。

（❶）157、細菌的細胞再生，分裂為❶一倍❷四倍❸二倍❹八
倍。

（❸）158、細菌也是所謂的❶病原體❷菌類❸微生物❹疣。

（❶）159、某些形狀的細胞可藉由下列何者幫助而有能力移動❶
鞭毛❷芽胞❸自動力❹病原體。

（❷）160、細胞生命循環中不活動的階段是所謂的❶病原性階段
❷芽胞形成階段❸產生疾病階段❹無病原性階段

（❸）161、細菌可經由下列何者進入體內❶乾燥的皮膚❷濕潤的
皮膚❸皮膚傷口❹油質皮膚。

（❶）162、美容師不應該為患有下列哪一種疾病的顧客服務❶一
般性感冒❷面皰❸角質瘤❹疣腫。

（❸）163、銳利的金屬器具應以下列何者來消毒❶百分之三十的
酒精❷百分之五十的酒精❸百分之七十的酒精❹百分
之四十的酒精。

（❸）164、美容院通常都採用何種消毒法❶乾熱法❷火烤法❸化
學法❹燻蒸消毒法。

（❶）165、消毒受傷的皮膚之安全消毒劑是❶3％的過氧化氫❷鹽酸❸石碳酸❹昇汞。

（❶）166、消滅所有細菌化學的媒介稱為❶消毒劑❷防腐劑❸燻蒸消毒劑❹腐敗作用。

（❶）167、美容院不可雇用下列何種美容師❶有傳染性疾病者❷有變色之皮膚者❸慢性疲勞者❹敬業樂群者。

（❸）168、美容師可藉由下列何者保護顧客的健康❶好的化妝品❷職業用的器具❸消毒訓練❹專業技術。

（❷）169、有關健康生活的科學是❶化學❷衛生學❸細菌學❹美容學。

（❶）170、個人衛生在於維護下列哪一項的福祉❶個人❷團體❸城市❹社會。

（❸）171、指甲刀、髮捲及梳子，在每次使用之後，應❶拋棄❷更換❸消毒❹毀壞。

（❸）172、研究微生物之一門科學稱為❶病理學❷生物學❸細菌學❹系統學。

（❶）173、細菌是起源於下列何者之單核微生物❶動物❷植物❸礦物❹化學。

（❷）174、病原性的細菌會製造❶健康❷疾病❸抗毒素❹有益的效果。

（❷）175、膿皰及水泡為傳染的媒介，其中包含了❶無病原性有機質❷病原性細菌❸皮脂❹金錢癬。

（❷）176、美容院裡的疾病可經由下列何者引起傳染❶清潔的雙手❷污穢的雙手❸清潔的毛巾❹已消毒的工具。

（❷）177、抗拒疾病就是所謂的❶傳染❷免疫性❸寄生物❹菌類。

（❹）178、消毒的意義是下列哪一種❶保持細菌活著❷消滅有害的微生物❸消除令人討厭的氣味❹消滅有益及有害的細菌。

（❶）179、濕式消毒容器應含有❶殺菌溶液❷13％的酒精❸防腐液❹2％的福馬林。

（❸）180、美容院使用的化學溶液應放置在❶保溫箱裡❷乾式消毒器裡❸有適當註明標籤的容器內❹濕式消毒器裡。

（❹）181、美容師需在何時清潔雙手❶早晨❷每天早晨及中午❸當手髒時❹在客人做髮之前、後。

（❷）182、清洗過的毛巾應如何使用❶每兩位顧客使用❷只給一位顧客使用❸一直使用至污穢時❹無論何時應顧客之需要。

（❹）183、通常用於破皮處的碘酒是作為一種❶除臭劑❷防腐劑❸止血劑❹消毒劑。

（❸）184、防止細菌生長的化學溶液是❶燻蒸消毒劑❷收斂劑❸防腐劑❹防臭劑。

（❸）185、個人有關防止疾病的科學是❶整潔❷自我保護❸個人的衛生❹個性的發展。

（❸）186、公共衛生的訓練非常重要，因為它有助於維護❶美容服務的品質❷個人的健康❸公共的健康❹美容產品的品質。

（❸）187、檢查有無瓦斯漏氣可用❶酒精❷氯液❸肥皂液❹丙酮。

（❶）188、室內聞有瓦斯氣味時，應打開❶窗戶❷抽油煙機❸電扇❹瓦斯爐。

（❸）189、以電流開關控制或裝上電流剪髮的工具是❶剪刀❷推

剪刀❸電剪❹打薄剪。

（❹）190、下列哪一種水是最好的飲用水❶泉水❷河水❸雨水❹自來水。

（❶）191、根據統計，近年來意外災害引起的死亡，高居台灣十大死亡原因的❶第三位❷第四位❸第五位❹第六位。

（❹）192、煤氣燃燒時，若火焰呈❶綠❷橙❸黃❹紅色，則表示不完全燃燒，容易發生中毒。

（❷）193、我國的吹風機所採用的電壓為❶100V❷110V❸200V❹220V。

（❹）194、何種情況下不用關閉電源開關❶失火時❷停電時❸修護電源❹營業時。

（❷）195、浴缸之給水栓應高出滿水面幾公分？❶1公分❷5公分❸10公分❹15公分。

（❸）196、室內相對濕度應保持在❶20％至40％❷40％至60％❸60％至80％❹80％至100％ 之間。

（❷）197、室內之新鮮空氣每人每小時需❶一千至二千❷二千至三千❸三千至四千❹四千 立方公尺。

（❷）198、美容院的設計以何種為第一考量❶流行❷安全❸美觀❹舒適。

（❶）199、美容院要放幾個滅火器❶2❷3❸4。

參 考 文 獻

化妝品學原理／李仰川／文京圖書公司

化妝原料及功能／洪偉章／藝軒圖書公司

美容衛生／楊昭順／高立圖書公司

專業指甲美容技藝／呂翠珠／亞太圖書公司

化妝品製造實務／張麗卿／台灣復文興業公司

化妝品技術師和醫師的皮膚科學／國興出版社

美髮／陳麗文／啓英文化事業公司

美顏／陳妙清／啓英文化事業公司

美膚與保健／段瑞月／啓英文化事業公司

實用美容美髮教材／平常心出版社

附　錄

女子美髮丙級技術士技能檢定規範

女子美髮技術士技能檢定規範

級別：丙級

工作範圍：從事頭髮洗髮、剪髮、燙髮、染髮及整髮等女子美髮
相關工作，且熟悉衛生安全。

應具知能：應具備下列各項技能與相關知識。

工作項目	技能種類	技能標準	相關知識
一、人體生理	（一）認識健康	1.具健康的基本概念。	（1）健康的涵義。 （2）維護健康的基本要則。
	（二）人體生理常識	1.認識人體的組成。	（1）人體外形各部位的名稱。 （2）構成人體的單位。
		2.認識美髮相關的人體生理。	（1）皮膚：功能及表面構造。 （2）骨骼：構造、功能、頭顱骨的種類。 （3）肌肉：功能、組織、頭部、臉部及頸部的肌肉。 （4）循環：血液的功能、頭部、臉部及其頸部的主要

工作項目	技能種類	技能標準	相關知識
			血管。 （5）排泄：排泄器官及其功能。 （6）神經：神經與人體生理。
二、頭髮生理	頭髮的基本知識	1.具毛髮的基本概念。	（1）毛髮的結構。 （2）毛髮的類別。
		2.瞭解頭髮的功能與生長，並辨識其類別。	（1）頭髮的功能。 （2）頭髮的生長。 （3）頭髮的類別及特性。
		3.瞭解美髮的目的及基本技術。	（1）美髮的涵義。 （2）美髮的目的及基本技術。
三、美髮器材	常用美髮器材的認識	1.認識常用的美髮用具。	常用美髮用具的種類 （1）髮梳與髮刷用具。 （2）剪髮用具。 （3）燙髮用具。 （4）染髮用具。 （5）整髮用具。 （6）其它。
		2.認識常用的美髮用劑及用品。	（1）常用美髮用劑的種類。 （2）常用美髮用品。
		3.認識一般美髮用機具設備。	（1）美髮用機具設備的種類、功能及

工作項目	技能種類	技能標準	相關知識
			用途。 (2) 機器設備的維護。
四、頭髮洗護	(一) 洗護頭髮的基本認識	具洗護頭髮的基本概念。	(1) 洗護頭髮的目的。 (2) 洗護頭髮的主要技術。
	(二) 刷髮	熟悉刷髮技術及注意事項,並正確操作。	(1) 刷髮的功能。 (2) 髮刷的選擇及保養。 (3) 刷髮的順序、方法及注意事項。
	(三) 洗髮	1.熟悉洗髮技術及注意事項。 (1) 洗髮前準備。 (2) 洗髮。 (3) 洗髮後處理。 (4) 防範洗髮不當易起的傷害。 2.依需要準備適當的洗髮器材,正確洗髮。	(1) 洗髮的功能。 (2) 洗髮用劑的種類、特性以及選擇。 (3) 洗髮的方式及順序。 (4) 洗髮技術及注意事項。 (5) 不同髮質或髮況的洗髮要領。
	(四) 頭部按摩	熟悉頭部按摩技術及注意事項,並正確操作。	(1) 頭部按摩的功能。 (2) 頭部按摩的順序、方法及注意事項。

工作項目	技能種類	技 能 標 準	相 關 知 識
	（五）護髮	1.熟悉護髮技術及注意事項。 （1）護髮前準備。 （2）護髮。 （3）護髮後處理。 （4）防範護髮不當引起的傷害或不良效果。	（1）護髮的功能。 （2）護髮劑的種類、特性及選擇。 （3）護髮的順序、方法及注意事項。 （4）不同髮質或髮況的護髮要領。
		2.依需要準備適當的護髮器材，正確護髮。	
五、識圖	識圖的基本認識	1.辨識髮型操作圖。 2.熟悉操作圖所示髮型的美髮技術。	髮型操作圖的種類及表現內容。
六、剪髮	基本剪髮技術	1.辨識剪髮用具，並正確操作。	（1）各種剪髮用具的功能及選擇。 （2）剪髮用具的使用及保養。
		2.具剪髮的基本概念。	（1）剪髮的目的及步驟。 （2）頭部基準點。 （3）頭部基準線。 （4）剪髮分區。 （5）剪髮引導線。 （6）剪髮操作者站立位置。
		3.熟悉無層次剪法及注意事項。	常用的無層次剪法： （1）水平剪法。

工作項目	技能種類	技 能 標 準	相 關 知 識
		（1）剪髮前準備。 （2）剪髮。 （3）剪髮後處理。 （4）防範剪髮不當引起的傷害或不良效果。	（2）斜線剪法。 （3）弧線剪法。
		4.依需要選用適當的剪髮用具，正確剪髮。	
七、燙髮	基本燙髮技術	1.具燙髮的基本概念。	（1）燙髮的目的及類別。 （2）冷燙的原理及過程。
		2.熟悉冷燙基本技術及注意事項。 （1）燙髮前準備。 （2）燙髮。 （3）燙髮後處理。 （4）防範燙髮所引起的傷害。	（1）冷燙劑的選擇與使用。 （2）冷燙器具與用品。 （3）燙髮分區。 （4）捲棒的基本排列、角度捲法。 （5）燙髮引起的髮質、皮膚的傷害及其防範方法。
		3.依需要準備適當的冷燙器材，正確燙髮。	
八、染髮	基本染髮技術	1.具染髮的基本概念。	（1）染髮的意義、目的及種類。 （2）染髮劑的成份、種類及特性。 （3）色彩的基本理論。

工作項目	技能種類	技能標準	相關知識
		2.熟悉染髮基本技術及注意事項： （1）染髮前準備。 （2）染髮。 （3）染髮後處理。 （4）防範染髮所引起的傷害。	（1）染髮器具以及用品。 （2）染髮劑的選擇與使用、貯存。 （3）基本染髮順序與操作。 （4）染髮所引起的髮質、皮膚的傷害及其防範方法。
		3.依需要選用適當的染髮器材，正確染髮。	
九、整髮	（一）整髮的基本認識	具整髮的基本概念。	（1）整髮的意義及目的。 （2）整髮的主要技術。
	（二）捲髮	1.熟悉捲髮基本技術及注意事項： （1）捲髮前準備。 （2）捲髮。 （3）捲髮後處理。 （4）防範操作不當所引起的不良效果。	（1）捲髮器具與用品。 （2）髮筒捲法： ①髮筒的功能、種類及選擇。 ②各種髮筒捲法的操作以及特色。
		2.依需要準備適當的捲髮用具，正確捲髮。	（3）夾捲法： ①夾捲法的功能、種類及選擇。 ②各種夾捲法的操作及特色。

工作項目	技能種類	技　能　標　準	相　關　知　識
	（三）吹髮	1.熟悉吹髮基本技術及注意事項： （1）吹髮前準備。 （2）吹髮。 （3）吹髮後處理。 （4）防範吹髮不當引起的傷害或不良效果。	（1）吹髮器具、用品的功能及選擇。 （2）吹風機、髮梳及髮刷的操作。 （3）各種基本吹髮的操作及特色。
		2.依需要準備適當的吹髮用具，正確吹髮。	
	（四）編髮	1.熟悉編髮基本技術及注意事項： （1）編髮前準備。 （2）編髮。 （3）編髮後處理。 （4）防範編髮不當引起的不良效果。	（1）編髮的特色。 （2）編髮技巧及其要領。
		2.依需要準備適當的編髮用具正確編髮。	
十、安全措施	安全知識	1.瞭解安全的重要及影響安全的因素。	影響安全的因素： （1）環境因素。 （2）工作因素。 （3）個人因素。 （4）意外災害。
		2.瞭解維護工作安全的要則，正確操作。	（1）培養良好的工作習慣。 （2）器材設備的擺設

工作項目	技能種類	技能標準	相關知識
			及維護。 (3) 器材的安全與操作。
		3.瞭解災害的防範要則,並適時因應: (1) 防火措施。 (2) 防震措施。	(1) 災害的防範要則。 (2) 火災的預防、處理及逃生要領。 (3) 防震措施、地震時的應變及地震後的處理。
		4.具正確的環保觀念,確實力行。	(1) 垃圾分類。 (2) 美髮廢棄物處理。
十一、職業道德	(一) 個人儀表	整潔、端莊、誠懇。	日常生活禮儀。
	(二) 待客禮儀	服務禮節良好、言談得體、具溝通技巧。	(1) 國民生活須知。 (2) 溝通的要則。
	(三) 工作態度	敬業樂群、熟悉工作流程及責任,熟練專業能力。	美髮業工作紀律。
十二、化妝品的認識	(一) 化妝品的基本常識 (二) 化妝品的管理	1.辨識化妝品的種類。 2.正確使用與妥善保存化妝品。 3.辨識合法的化妝品。	(1) 化妝品使用的目的。 (2) 化妝品的種類。 (3) 化妝品使用不當所產生之傷害。 (4) 化妝品的使用與保存常識。

工作項目	技能種類	技能標準	相關知識
			(5) 辨識化妝品的品質。 (6) 化妝品衛生管理條例及其相關規定。
十三、公共衛生	(一) 個人及營業場所衛生	1.熟練從業人員應注意之個人衛生事項。 2.熟練正確洗手方法。 3.熟知營業場所應注意之衛生事項。	(1) 個人衛生常識。 (2) 營業衛生管理有關規定。
	(二) 急救常識	正確認識簡易急救方法。	簡易急救常識。
	(三) 消毒基本常識	1.熟識消毒目的與原則。 2.辨識美容器具及毛巾等用品的正確消毒方法。 3.正確操作各種化學消毒劑的稀釋要領。	(1) 消毒的基本常識。 (2) 美容器具的消毒方法及操作程序。
	(四) 營業衛生有關傳染病常識及預防方法	熟知營業衛生有關的重要傳染病。	營業衛生有關傳染病的傳染途徑及其預防方法。

女子美髮乙級學科證照考試指南

著　　者／黃振生

出　　版／揚智文化事業股份有限公司

發 行 人／葉忠賢

責任編輯／賴筱彌

地　　址／台北市新生南路三段 88 號 5 樓之 6

電　　話／(02)2366-0309　　2366-0313

傳　　眞／(02)2366-0310

登 記 證／局版北市業字第 1117 號

印　　刷／偉勵彩色印刷股份有限公司

法律顧問／北辰著作權事務所　蕭雄淋律師

初版一刷／2001 年 12 月

初版二刷／2005 年 3 月

定　　價／新臺幣：250 元

ISBN／957-818-355-0（平裝）

E-mail／tn605541@ms6.tisnet.net.tw

網址／http：//www.ycrc.com.tw

國家圖書館出版品預行編目資料

女子美髮乙級學科證照考試指南／黃振生編著.
-- 初版. -- 台北市：揚智文化，2001〔民 90〕
面； 公分
參考書目：面
ISBN 957-818-355-0（平裝）

1.理髮 – 手冊，便覽等 2.理髮業 – 考試指南
3.美髮業 – 考試指南

424.5026 90019134